KB251944

바다 위 인공섬,
시토피아

바다 위 인공섬, 시토피아
_ 사람이 만드는 미래의 해양 도시

초판 1쇄 발행일 2012년 1월 4일
초판 3쇄 발행일 2021년 2월 17일

지은이 권오순, 안희도
펴낸이 이원중

펴낸곳 지성사 **출판등록일** 1993년 12월 9일 **등록번호** 제10-916호
주소 (03458) 서울시 은평구 진흥로 68(녹번동) 2층(북측)
전화 (02) 335-5494 **팩스** (02) 335-5496
홈페이지 www.jisungsa.co.kr **이메일** jisungsa@hanmail.net

ⓒ 권오순·안희도, 2012

ISBN 978-89-7889-248-3 (04400)
ISBN 978-89-7889-168-4 (세트)

이 도서의 국립중앙도서관 출판시도서목록(CIP)은 서지정보유통지원시스템
홈페이지(http://seoji.nl.go.kr)와 국가자료공동목록시스템(http:www.nl.go.kr/kolisnet)에서
이용하실 수 있습니다. (CIP제어번호:CIP2011005631)

바다 위 인공섬, 시토피아

사람이 만드는 미래의 해양 도시

권오순
안희도 지음

　　바다는 인류가 시작되기 이전부터 수많은 생명체를 품은 채 존재해 왔다. 사람들은 그 바다에서 삶의 기틀을 닦아 왔다. 바다에서 물고기를 잡아 식량으로 이용하였으며, 다른 나라와 교류하기 위해 배를 띄워 항해하였고, 바다를 메워 항구를 만들고 공장을 짓고 공항을 세웠다. 앞으로는 더 다양한 방법으로 바다를 이용하게 될 것이다. 그럼에도 아직 바다는 우리 인류에게 미지의 세계로 남아 있는 채로 그 속을 쉽게 보여 주지 않는 곳이기도 하다. 그래서 우주 탐사보다 심해 탐사가 더 어렵다고 한다.

　　지구 위의 육지 면적은 변함없이 늘 일정한데, 세계 인구가 늘고 산업이 발달하여 토지를 활용해야 하는 일이 늘어나면서 육지가 비좁다고 느끼게 되었다. 전에는 부족한 육지를 넓히기 위해 단순히 바다를 메워 땅을 만들었다. 그러나 지혜가 늘고 과학이 발달하면서 각 국가들은 해양 관광은 물론 레저 스포츠 시설, 산업 시설 등 국가 이미지를 높이기 위한 대형 개발 프로젝트들을 세계 곳곳에서 진행하고 있다. 또 머지않은 미래에 공상 과학 영화에나 나올 법한 전혀 새로운 형태의 해상 도시들을 등장시키기 위한 계획도 구상하고 있다.

이 책에서는 사람들이 바다를 가장 적극적으로 이용하는 방법이자, 많은 이들의 생활 터전이 되어 줄 해상 도시에 대한 여러 가지 이야기를 소개하고 있다. 특히 우리나라와 외국에서 건설되고 있는 인공섬을 여럿 소개하고 있으며, 이를 잘 보여 주기 위하여 많은 위성 사진을 실어 놓았다.

독자 여러분도 인터넷에서 무료로 제공되는 다양한 지도 서비스를 이용해서 책에서 설명하는 위치들을 찾아본다면, 좀 더 많은 정보를 얻을 수 있을 뿐만 아니라 책을 읽는 재미도 커질 것이라 생각한다. 이 책을 끝까지 읽었다면 여러분은 이미 인공섬에 관한 전문가라고 생각해도 지나치지 않을 것이다.

바다는 아직까지 여러분의 무한한 도전을 기다리고 있는 미지의 세계이지만, 이미 우리는 이 책에 소개된 것과 같이 새로운 아이디어와 개척 정신을 가지고 바다를 이해하고 더불어 살아갈 수 있는 터전으로 만들어 가고 있다. 이 책을 읽는 청소년 여러분도 이와 같은 꿈과 도전 정신을 가진다면 어떤 분야에서든 희망찬 미래를 열 수 있을 것이다.

이 책이 출판되기까지 꼼꼼한 원고 검토와 많은 수고를 해 주신 한국해양과학기술원의 김웅서 편집위원장님과 해양과학도서관 직원들께 감사를 표한다. 더불어 두바이 관련 자료를 제공해 주신 안성모 박사님과 흔쾌히 사진의 게재를 허락해 주신 모든 분들께도 감사의 뜻을 전한다.

권오순, 안희도

워터월드

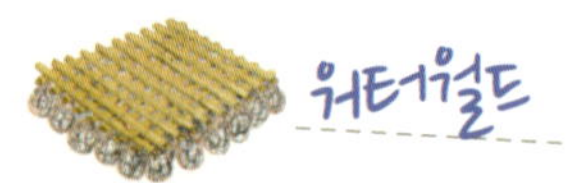

　　미국 로스엔젤레스의 유니버설 스튜디오는 미국의 유명한 영화를 주제로 구성한 테마파크이다. 여기에는 영화와 관련된 여러 가지 전시물과 체험 시설, 그리고 놀이공원이 있는데, 사람들이 주로 찾는 곳은 영화를 주제로 한 공연물이다. '워터월드Water World'는 1995년 영화로 제작된 케빈 코스트너 주연의 「워터월드」를 실제로 체험하듯이 보여 주는 공연으로, 그 규모가 대단히 크고 박진감이 넘쳐 많은 이들이 꾸준히 관람하고 있다. 이 공연은 영화보다 인기가 높아서, 흥행에 성공한 유니버설 스튜디오의 대표 공연으로 자리 잡았다고 한다.

　　영화 「워터월드」는 지구의 먼 미래에 극지의 빙산이 녹

유니버설 스튜디오의 워터월드 공연 장면

아 지구 전체가 물로 뒤덮여, 인류의 모든 문명이 바다 아래로 잠기게 된 후 사람들이 바다 위에 섬을 만들어 살면서 벌이는 생존 투쟁을 그린 영화이다. 가장 귀하고 비싼 물품이 되어 버린 흙을 차지하려는 악당들을 상대로 주인공이 펼치는 모험을 그렸다. 화려한 액션에 가려져 두드러지지는 못했지만, 이 영화는 극지의 빙하가 녹아 전 세계 모든 대륙이 바다에 잠겨 버린 후 현재 인류가 만든 문명의 멸망과 새로운 문명의 시작을 그린, 상당히 무거운 주제를 다루었다.

영화 속 이야기가 아니라 실제로 극지의 빙하가 녹아

모든 육지가 바닷물 속에 잠긴다면, 우리 인류는 어떻게 문명을 유지하며 생명을 이어갈 수 있을까? 지구는 긴 역사 속에서 지금보다 바다의 수위가 높았던 시대가 있었다. 바로 노아의 방주가 만들어졌던 시절이다. 그리고 지금, 사람들은 앞으로 머지않은 미래에 그러한 시대가 다시 돌아올 것이라 예측하고 있다. 그때가 되면 그 옛날 노아의 방주처럼 커다란 배를 만들어 육지를 발견할 때까지 떠돌게 될지, 아니면 영화 「워터월드」에서처럼 바다 위에 인공섬을 만들어 그곳에서 생활하게 될지, 미래의 우리 후손들은 어떤 방법을 선택할지 자못 궁금하다.

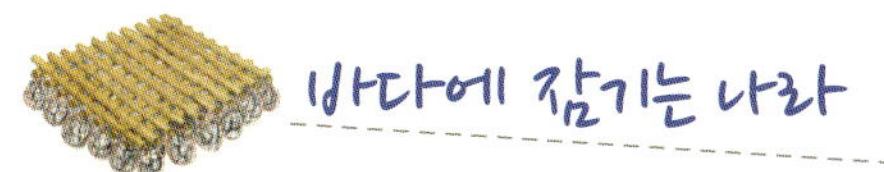

바다에 잠기는 나라

투발루Tuvalu는 남태평양 피지에서 북쪽으로 1000킬로미터쯤 떨어진 곳에 위치한 폴리네시아의 섬나라이다. 크기는 세계에서 네 번째로 작은 나라인데, 인구는 바티칸을 제외하면 세계에서 가장 적은 국가이다. 그런데 투발루가 2001년 국토를 포기한다고 선언하였다. 바다의 수위가 점점 높아지면서 국토를 이루고 있는 섬이 바닷물에 잠겨 가고 있어서 더 이상 국가를 유지할 수 없기 때문이었다.

지구의 평균 해수면은 한 해에 1.8밀리미터 정도씩 높아지는 데 비해 투발루는 지구온난화 때문에 그 배가 넘는 5밀리미터씩 높아지고 있다. 이에 투발루 정부는 자신들의 국토 포기 책임이 강대국과 산업 국가들에게 있다고 주장하

바다의 수위가 점점 높아져 국토가 바닷물에 잠겨 가고 있는 투발루

고 있다. 수도였던 푸나푸티는 이미 바닷물에 잠겨 수도를

옮겼으며, 국토의 많은 지역이 침수되고 있거나 침수되지

앓은 지역이라고 해도 염분 피해를 입어 섬 전체가 죽어 가
고 있다.

바닷물에 잠긴 섬   섬의 높이가 해수면에서 높지 않기 때문에 해수면이 상승하면 섬 자체가
바닷물에 잠겨 사라질 위험에 처한다.

투발루뿐만 아니라 인근에 위치한 키리바시^{Kiribati}와 인
도양의 몰디브^{Maldives} 같은 나라들도 해수면의 상승으로 머
지않아 국토가 침수될 위기에 놓여 있다. 아직은 일부 국가
의 경우이기는 하지만, 영화 속 '워터월드'가 현실이 되어
가고 있는 것이다.

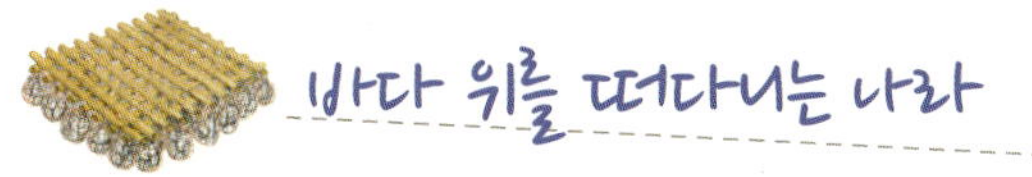

바다 위를 떠다니는 나라

2009년 5월 일본의 시미즈 건설은 해수면 상승으로 국토의 침수가 예상되는 키리바시 공화국 아노테 통Anote Tong 대통령을 초청하여 '적도 태평양에 떠 있는 섬'이라는 개념의 '그린플로트Green Float'를 소개하였다. 그린플로트는 폭 3킬로미터의 둥근 모양으로 된 인공 지반地盤을 토대로 만든 거대한 인공섬을 적도 선상 바다 위에 건설한다는 계획이다. 물에 잠기는 국토를 대신하여 인공섬 위에 새로운 형태의 자급자족형 도시를 만들자는 것이다. 적도 부근은 식량 생산이나 태양광을 이용한 발전이 쉽고 태풍이 지나가지 않기 때문에 그린플로트가 위치하기에 매우 적절한 곳이라 할 수 있다.

태평양 적도 위에 떠 있는 그린플로트

그린플로트는 연꽃처럼 생긴 인공섬을 여러 개 연결하여 대규모 단지를 만든다는 계획으로, 하나의 그린플로트에 인구 10만 명을 수용할 수 있다. 키리바시의 대표적인 산호섬 타와라Tawara 섬의 거주민이 5만 명쯤 되는 것과 비교해 보면 그 규모를 짐작할 수 있다.

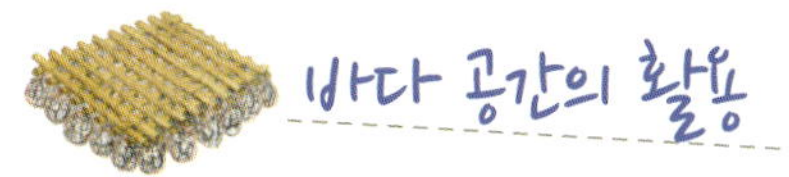

바다 공간의 활용

바다는 무한한 가능성과 낭만을 간직한, 지구 위에 얼마 남지 않은 미지의 세계이다. 현재 약 70억 인구가 생활하고 있는 지구는, 꽤 오래 전부터 식량이나 에너지 같은 자원이 부족해지고 있으며, 공해와 환경 오염은 심각해지는 등 자원 부족에 환경 문제까지 겹쳐 비틀거리고 있다. 그래서 사람들은 거의 한계에 다다른 육지에서 개척의 여지가 있는 바다로 눈을 돌리게 되었다. 바다는 다양한 수산물과 광물 등 자원이 풍부하고 훌륭한 에너지원이 많은 곳이기 때문이다.

그러나 바다는 사람이 활동하기에는 어려움이 많다. 바닷속으로 깊이 들어갈수록 물에 의한 압력, 즉 수압이 높아지고 빛은 들어오지 않아 멀리까지 볼 수 없으며, 전파도 전

달되기가 어려워 통신도 쉽지 않다. 바닷물 속의 소금기는 우리가 만들어 사용하는 도구나 재료의 대부분을 부식시켜 쓸 수 없게 만든다. 바다에서 일어나는 심한 파도와 해일 같은 가혹한 자연현상은 지금까지도 사람의 접근을 쉽게 허락하지 않고 있다.

최근에는 과학 기술의 눈부신 발달로 이러한 문제들을 차근차근 해결해 나가고 있어 바다를 좀 더 다양하게 이용할 수 있게 되었다. 앞으로 점점 더 심각해질 식량 부족 문제를 해결하고 부족한 생활 공간을 넓히는 것은 물론, 육지 위의 에너지 자원이 바닥을 드러낼 때에 대비하는 데 바다는 중요한 대안이 되고 있다. 전 세계의 여러 국가들이 바다로 관심을 돌려 해양 개발에 열을 올리는 이유이다.

해양 개발이 본격적으로 추진되기 시작한 것은 1960년대 후반부터이다. 특히 해양 과학 기술의 발달과 더불어 1994년에는 「UN해양법」이 발효되어 각 국가들이 일정한 거리 이내의 인접한 바다를 자국의 영토로 포함시키는 배타적 경제수역EEZ을 선포함으로써 바다도 육지처럼 영토로 개발하고 보호하는 등의 새로운 해양 질서가 만들어졌다.

우리나라는 국토의 삼면이 바다로 둘러싸여 있어 바다

미래에 꿈꾸는 해양 도시

영토를 충분히 넓힐 수 있는 조건을 갖추고 있다. 따라서 바다가 단순히 수산물을 채취하는 곳이라는 생각에서 벗어나 좀 더 적극적으로 이용하는 방법을 찾아야 한다. 그 옛날 청해진을 근거지로 하여 동북아시아의 바다 전체를 지배했던 장보고의 정신을 이어받아, 육지 중심의 생활에서 벗어나 해상 인공 도시, 해상 플랜트, 해상 공항과 같은 바다 중심의 생활 환경을 만들어 갔으면 한다. 이를 통해 우리나라에 머물지 않고 세계를 이끌어 나가는 능력도 길렀으면 한다.

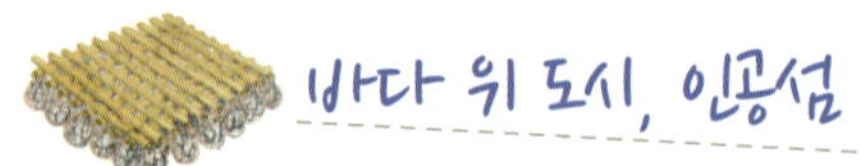 바다 위 도시, 인공섬

세계의 인구는 나날이 늘어 가는 데 비해 환경 오염으로 사막의 면적이 점점 넓어지는 등 황폐해지는 땅이 늘어나면서 사람이 생활할 수 있는 육지는 점점 줄어들고 있다. 산업혁명 이후에는 세계 곳곳에 공장이 폭발적으로 건설되었는데, 비록 생활 공간을 보호하기 위해 주거 지역과 떨어진 곳에 공장을 세운다고는 해도 항상 공장 건설 부지는 부족한 상태였다. 이런 추세라면 언젠가는 사람이 살 수 있는 땅도 절대적으로 부족해질 것이다.

이러한 토지 부족 문제를 해결하기 위해 사람들은 바다로 눈을 돌리게 되었다. 바다를 가장 완벽하게 이용하기 위해 바다에 사람들이 생활할 수 있는 공간을 만들 생각을 한

것이다. 그렇게 고안
해 낸 방법 중의 하나
가 바로 바다 위의 도
시인 인공섬이다. 인
공섬은 자연현상 등에
의해 자연적으로 만들
어진 섬이 아니라 사
람이 만들었기 때문에
이렇게 부르게 되었
다. 인공섬은 건물이
들어서는 위치에 따라
바다 위에 만들어지면
해상 도시, 바닷속에
만들어지면 해저 도시
로 크게 나뉜다. 세계
적으로 이미 해상 도
시는 여러 가지 방법
으로 건설되어 있으
나, 해저 도시의 건설

인공섬 종류의 대표적 형태　매립식 인공섬(위), 부유식
인공섬(가운데), 잔교식 인공섬(아래)

매립식 인공섬을 만드는 방법 **1** 제방을 쌓을 바다 밑 땅을 단단하게 다진다. **2** 제방을 쌓는다.

은 활발한 편이 아니다. 규모가 큰 해저 도시는 아직 건설된 예가 없지만 크기가 크지 않은 경우는 해저 호텔, 해저 터널, 해중 전망탑의 형태로 꾸준히 시도되고 있다. 해상 도시는 인공섬 위에 건설되는데, 보통 인공섬은 섬을 조성하는 방법에 따라 매립식 인공섬, 부유식 인공섬, 잔교식 인공섬으로 나뉜다.

현재 건설되어 있는 인공섬 가운데 가장 많이 사용된 방법은 매립식이다. 이것은 바다에 바위나 자갈, 흙을 부어 넣어서 섬을 만드는 방법으로, 바닷물의 깊이가 깊으면 깊을수록 섬을 만드는 데 흙이나 바위 같은 매립 물질이 많이 필요하기 때문에 보통 수심 20미터 이내일 때 선택하게 된

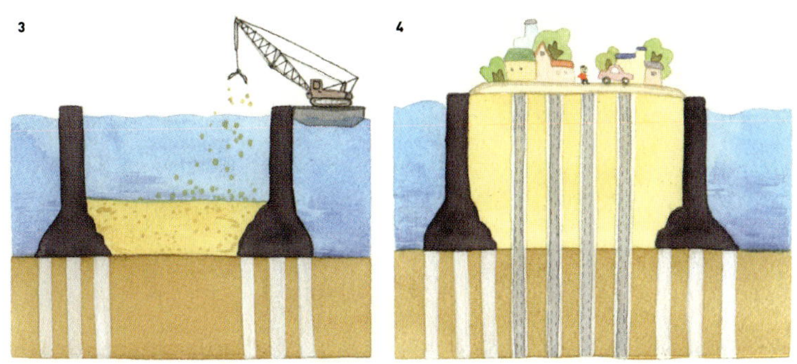

3 제방 안에 흙과 바위를 메워 넣는다. 4 메워진 땅을 다시 단단하게 다진 후 건물 등을 짓는다.

다. 바닷속에 넣은 바위나 흙이 파도에 휩쓸려 나가지 않도록 인공섬의 외부가 되는 제방을 먼저 쌓은 후에 바위나 흙을 채워 넣는다.

매립식 인공섬은 먼저 바위나 흙이 빠져나가지 않도록 바닷속에 제방 둑을 만들어야 한다. 그런데 바다 밑의 땅은 대부분 단단하지 않고 무르기 때문에 인공섬을 만들 바다 밑의 땅을 단단하게 만드는 작업지반 개량을 먼저 하게 된다. 제방이 들어설 땅이 단단해지면, 그 위에 제방을 쌓고 제방의 안쪽에 바위와 흙 등을 채워 넣는다. 이렇게 만들어진 지반은 사람이 걸어 다니기 힘들 정도로 약할 수 있으므로, 인공섬의 땅을 만들 때에도 바다 밑 지반을 개량한 것처럼 그

25

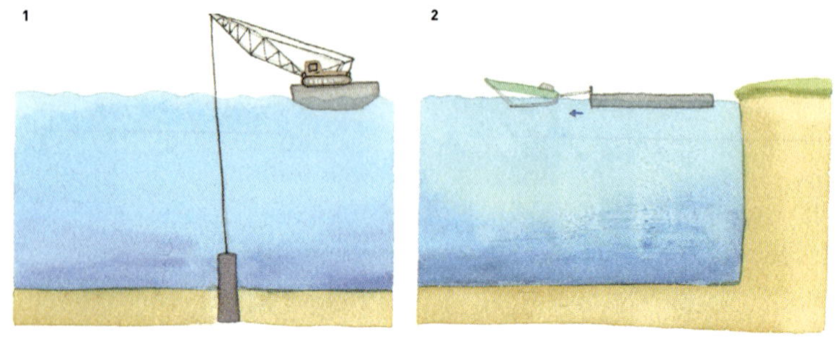

부유식 인공섬을 만드는 방법 **1** 돌핀이나 닻을 설치한다. **2** 육지에서 인공섬 몸체를 만들어 바다로 가져온다.

위에 건물을 지어도 될 만큼 땅을 단단하게 다져서 만들어야 한다.

부유식은 바다의 수심이 깊어서 매립식 방법을 선택하기 어려운 경우에 사용하는 방법이다. 부유식 인공섬은 배처럼 바다 위에 떠 있는 섬을 만들어 그 위에 도시를 건설하는 것으로, 바다의 수심이 100미터 이상일 때도 건설할 수 있다는 장점이 있다. 그러나 심한 파도나 밀물과 썰물, 태풍 등으로 인해 건설된 인공섬이 떠내려가는 것을 막기 위해 한곳에 고정시키는 방법이 필요하다.

부유식 인공섬은 물 위에 떠 있을 섬의 몸체를 미리 육지에서 만들어 가져오는 방식이기 때문에, 제일 먼저 바다

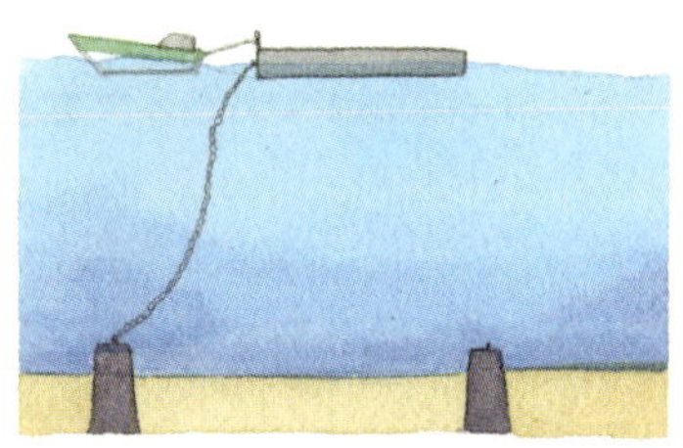

3 인공섬 몸체와 돌핀이나 닻을 쇠사슬로 연결한다. **4** 쇠사슬의 길이를 조정하여 인공섬의 위치를 잡는다.

에 인공섬을 움직이지 않게 고정시키는 장치를 만들어야 한다. 고정 장치로는 말뚝을 박아서 말뚝과 인공섬의 몸체를 연결하는 돌핀dolphin, 계선주법과, 바다 밑의 땅속에 닻anchor을 설치하고 케이블로 연결하여 고정시키는 계류법이 있다. 두 방법 모두 해상 크레인선과 같이 돌핀이나 닻을 설치할 수 있는 특수한 배를 이용하여 바닷속에 고정 장치를 먼저 설치하여야 한다. 고정 장치를 설치한 후에는 육지의 공장에서 미리 제작해 놓은 인공섬의 몸체를 바다로 가져와 고정 장치에 연결하면 부유식 인공섬이 완공되는 것이다. 이때 인공섬의 몸체가 매우 큰 경우에는 육지에서 여러 조각으로 나누어 제작한 뒤, 바다에서 조립해 연결할 수도 있다.

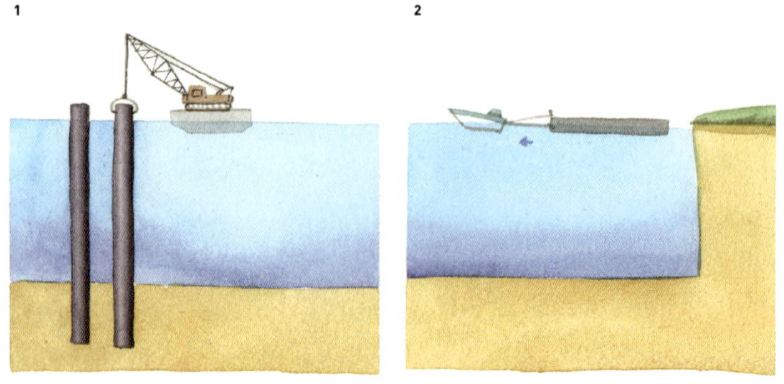

잔교식 인공섬을 만드는 방법 **1** 말뚝을 설치한다. **2** 육지에서 여러 조각으로 된 인공섬 몸체를 만들어 바다로 가져온다.

잔교식은 바다 밑에 여러 개의 말뚝을 박은 뒤에 그 말뚝을 바다 위까지 올려서 그 위에 탑처럼 인공섬을 만드는 방법이다. 매립식 인공섬만큼 많은 양의 바위나 흙을 사용하지 않으며, 부유식 인공섬과 달리 파도나 태풍에 흔들리지 않는 것이 장점이다. 그러나 잔교식은 말뚝을 많이 박아야 하며 철이나 콘크리트 같은 재료가 많이 들어가 제작 비용이 커져서 매립식 인공섬처럼 크게 만들기가 어렵다. 또 깊은 바다에서는 말뚝이 크고 길어져야 하기 때문에 비용이 더 많이 들어가므로 부유식 인공섬처럼 깊은 바다에는 만들 수 없다는 단점이 있다.

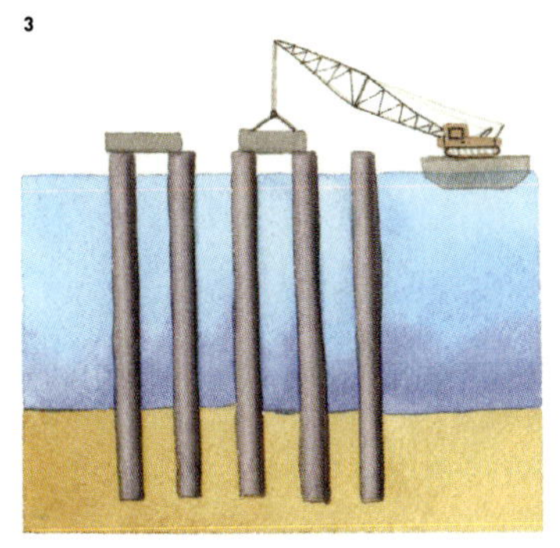 

3 여러 개의 인공섬 조각을 차례로 말뚝 위에 올려서 고정시킨다. **4** 인공섬 조각을 조립하여 하나의 인공섬을 만든다.

잔교식 인공섬은 부유식 인공섬과 만드는 과정이 비슷하다. 잔교식 인공섬의 몸체도 육지에서 제작해 오므로, 바다에 섬의 몸체를 고정할 수 있는 말뚝을 먼저 설치하여야 한다. 하지만 부유식 인공섬은 몸체를 바다에 띄우는 데 비해 잔교식 인공섬은 몸체를 말뚝 위에 얹어 놓기 때문에 바닷물에 닿지 않고 공중에 떠 있도록 설치하는 것이 다르다.

이제 여러 종류의 인공섬이 만들어졌다. 여러분은 인공섬 위에 어떤 도시를 건설하고 싶은가?

리치 소와의 페트병으로 만든 인공섬

세계적으로 최고의 휴양지로서 명성을 날리고 있는 카리브 해의 리비에라 마야의 한 바닷가에는 리치 소와Richie Sowa라는 사람이 페트PET병으로 만든 회오리섬spiral island이 있다. 리치는 1998년 이곳에 들어와 섬을 만들기 시작하였다. 그는 페트병의 무게가 가볍고 뚜껑을 닫으면 물에 뜨는 점에 착안하여, 그때까지 아무도 시도하지 않았던 페트병으로 섬을 만들어 보기로 한 것이다. '온 세상을 뒤덮고 있는 쓰레기 중의 하나인 페트병을 재활용하면 우리가 사랑하는 지구를 구하는 데 조금이나마 도움이 되지 않을까?' 라고 생각한 것이 페트병 섬의 시작이었다.

페트병 섬을 만드는 방법은 의외로 간단하다. 먼저 페트병의 뚜껑을 닫고 커다란 자루에 여러 개의 페트병을 넣어 묶은 다음, 그 자루들을 물 위에 띄우고 자루끼리 끈으로 단단하게 묶는다. 리치는 섬의 무게를 지탱할 수 있을 만큼 부력이 생기도록 하기 위해 셀 수 없이 많은 자루를 묶어야 했다. 자루에 페트병이 몇 개나 들어가 있는지 정확하게 셀 수는 없지만, 25만 개쯤 되는 것으로 추정하고 있다. 이렇게 페트병

자루를 바다 위에 띄워 섬의 기초를 만든 다음, 널빤지를 깔고 그 위에 쓰레기로 버려진 양탄자나 인조 잔디 등을 가져다가 덮었다. 그리고 마지막으로 해변에 있는 모래를 덮어서 마침내 섬을 완성하였다. 리비에라 마야 해변에는 산호나 조개껍데기가 부서져서 만들어진 고운 모래에 산호 덩어리나 조개껍데기가 함께 섞여 있어서 그것을 그대로 가져다가 인공섬 위에 깔았더니 인공섬이라는 느낌이 전혀 들지 않았다.

리치 소와는 페트병 섬이 파도에 밀려 떠내려가지 않도록 섬의 사방에 긴 줄을 연결하여 육지의 나무에 매어 고정시켜 놓았다. 하지만

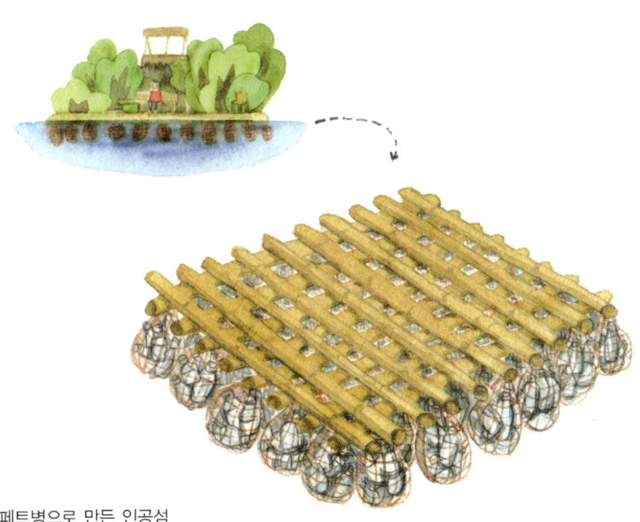

페트병으로 만든 인공섬

2005년 허리케인 에밀리에 의해 이 섬은 부서져 버렸다. 페트병 섬을 고정시켜 두었던 나무가 허리케인을 견디지 못했기 때문이었다. 그는 굴하지 않고 2008년부터 다시 두 번째 섬을 만들기 시작하였다. 카리브 해의 칸쿤 인근에 만든 새로운 섬에는 약 10만 개의 페트병이 사용되었으며, 섬에는 3개의 해변과 2개의 호수가 있다. 섬 전체를 훌륭한 집으로 꾸미기 위해 태양광을 이용해 발전을 하여 폭포와 강을 만들었으며, 물의 흐름을 이용해 세탁기도 만들어 놓았다.

2부

부족한 육지, 바다에서 답을 찾다

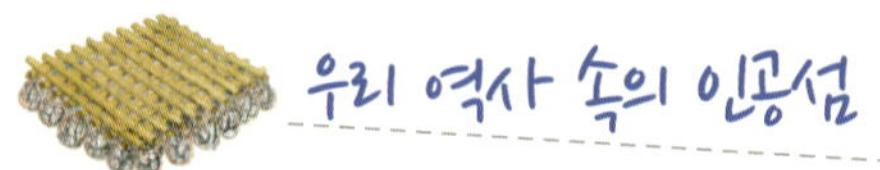

우리 역사 속의 인공섬

세계의 오랜 역사를 살펴보면 의외로 사람들이 만든 인공섬이 꽤 등장한다. 중국 항저우杭州의 '삼담인월三潭印月'로 대표되는 호수 속 인공섬은 당시 권력자들이 세를 과시하는 수단으로 이용하거나 유흥을 즐기는 장소로 사용하기 위해 만들어졌다. 호수 속 인공섬은 중국뿐만 아니라 우리나라와 일본의 궁궐 정원에서도 자주 모습을 드러내고 있다.

『삼국사기』에는 신라의 문무왕이 삼국을 통일한 후 궁궐 안에 인공섬을 띄운 연못을 만들어 월지月池라 이름 붙이고, 나라에 경사가 있을 때나 귀한 손님을 맞을 때면 이곳에서 연회를 베풀었다는 기록이 전한다. 세월이 흘러 통일신라가 멸망하고 폐허로 변한 월지 주변으로 흙이 흘러들어

경복궁 향원정

갈대가 자라자 기러기와 오리들이 날아들었다. 이 모습을 보고 기러기 안雁과 오리 압鴨 자를 붙여 안압지雁鴨池라고 부르기 시작하여 지금에 이른다고 한다.

조선시대 말 고종이 경복궁을 재건하면서 옛 후원인 서현정을 새롭게 꾸몄는데, 연못 한가운데에 인공섬을 만들고 그 위에 2층으로 된 육각형 정자를 지었다. 정자는 '향기가 멀리 퍼져 나간다'는 뜻으로 향원정香遠亭이라 하고, 향원정과 연결된 다리는 '이 향기에 취하다'는 의미에서 취향교醉香橋라는 운치 있는 이름을 붙였다.

우리의 역사 속에 등장하는 인공섬들은, 주로 지배층이

인공섬이 있는 넓고 아름다운 정원을 꾸며 자신의 부와 권력을 과시하기 위해 만들었기 때문에 많은 비판을 받아 왔다. 목적이 적절하지는 않았지만 아름다운 자연환경을 가까이에 두고자 했던 마음만은 과학 기술과 관광 산업의 발달과 연결되어 오늘날 새롭게 평가를 받고 있다.

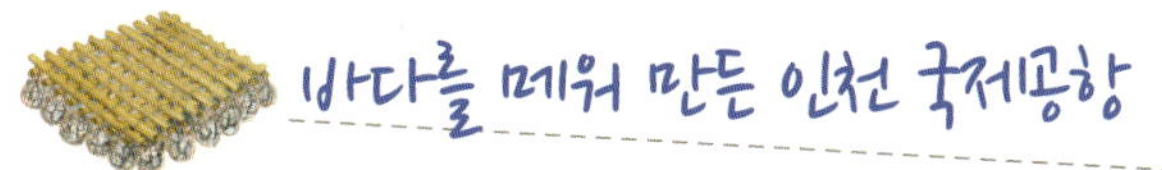

바다를 메워 만든 인천 국제공항

2001년 3월 29일, 세계 최대 규모의 인천 국제공항이 문을 열었다. 그 이전에는 김포 국제공항이 우리나라와 세계 여러 나라와의 항공 운송을 책임지고 있었지만 규모가 작아 국제공항으로서 여객과 화물을 운반하기에 어려움이 많았다. 하지만 새롭게 문을 연 인천 국제공항은 김포 국제공항과 함께 우리나라 수도권의 항공 운송을 나누어 처리하고 동북아시아의 허브 공항의 역할을 담당하게 되었다.

세계 모든 지역에 대형 항공기가 다닐 수는 없기 때문에 한 지역에 대표적인 큰 공항을 두어 대형 항공기가 운항하고, 그 주변 지역은 짧은 거리를 다니는 지역 항공기를 운항하여 갈아타도록 하고 있다. 이때 지역별 대표 공항을 허

인천 국제공항

브 공항이라고 하는데, 아시아에서는 우리나라의 인천 국제
공항, 일본의 나리타 공항, 중국 상하이의 푸동 공항, 홍콩
의 첵랍콕 공항, 싱가폴의 창이 공항이 대표적인 허브 공항
들이다.

인천 국제공항은 인천광역시 중구 운서동 영종도와 용
유도 사이 갯벌을 매립하여 만든 인공섬 위 11.74제곱킬로
미터 넓이의 땅에 활주로 2개와 공항 터미널, 화물 터미널
등이 건설되어 있다. 1992년 공사를 시작하여 8년 4개월 동
안 7조 8000여억 원의 비용을 들여 지었다. 2001년 1단계

공사를 끝내고 문을 연 인천 국제공항은 연간 17만 회의 항공기 운항을 통해 2700만 명의 여객과 170만 톤의 화물을 수송할 수 있게 되었다. 2008년에는 2단계로 4킬로미터의 초대형 활주로와 탑승동 등을 추가로 건설하여 2010년 기준, 연간 41만 회의 항공기 운항으로 4400만 명의 여객과 450만 톤의 화물을 수송하고 있다. 앞으로 3단계와 4단계의 확장을 진행하여 활주로 5개를 보유한 초대형 공항으로 발전시킬 계획을 가지고 있다.

인천 국제공항을 중심으로 한 영종도 일대에는 거주 시설로 단독 주택, 아파트 단지와 함께 각종 교육 시설과 공원, 골프장 등이 건설되고 있으며, 용유도 주변으로는 관광 단지가 만들어지고 있다. 육지와 인천 국제공항을 연결하기 위해 영종대교와 인천대교가 건설되어 있으며, 공항 전철을 이용하여 편리하게 왕래할 수도 있다. 앞으로 섬 내부를 횡단하는 자기부상열차가 완성되면 인공섬 위에 새로운 형태의 도시가 건설되는 것이다.

우리나라는 예전에 산업을 일으키기 위한 수출 기지를 확보하기 위해 수출입에 유리한 해안 지역에 공업 및 산업 단지와 수출입 기지 등을 건설하였다. 이때 부족한 토지를

인천 국제공항의 건설 단계별 모습 **1** 1993년도 **2** 1995년도 **3** 1999년도 **4** 2000년도

확보하기 위하여 서해안과 남해안의 해안 지역을 많이 매립했었다. 그러나 최근에는 바다의 친환경적 가치를 생각하면서 무분별한 해안 매립은 환경 문제뿐만 아니라 경제적인 면에서도 결코 이익이 아니라는 생각을 하게 되어, 바다 인접 지역연안역의 매립 공사가 급격히 줄어들게 되었다. 그러나 토지는 여전히 부족한 상태이므로 토지 부족을 해결할 수 있는 방법을 찾아야 했다. 여러 가지 문제가 발생할 여지가 있는 연안역의 매립 대신 육지에서 떨어져 있는 섬에 관심을 갖게 되었다. 섬은 대부분 암초와 암반으로 이루어진 경우가 많고, 밀물과 썰물에 따라 바다에 잠겼다가 드러나기를 반복하는 조간대가 발달하지 않아 상대적으로 매립에 의한 환경 훼손이 적을 것이라 생각한 것이다.

섬을 이용해 인공섬을 만들 때는 섬을 인공섬의 한쪽 끝으로 삼아 나머지 삼면을 제방으로 막고 그 안을 메워 섬을 넓히면 되기 때문에 사방을 둑으로 막는 방법보다는 제방의 길이가 짧아져 경제적이기도 하다. 제방을 쌓을 때도 훨씬 효율적으로 진행할 수 있다. 아무것도 없는 바다에서는 배를 이용하여 제방을 쌓아야 하지만, 섬에서 바다 쪽으로 제방을 쌓을 때는 섬에서 흙이나 바위를 바다에 부으면서 불도저로 밀고 나가며 쉽게 쌓을 수 있다. 보통 섬을 이용하여 인공섬을 만들 때에 가장 많이 선택하는 방법은 두 개의 섬을 이용하는 것이다. 가까이에 위치한 두 개의 섬 사이를 제방으로 막고 내부를 채워 연결하는 방법이다. 인천 국제공항은 이렇게 두 개의 섬, 즉 영종도와 용유도를 연결해 만든 인공섬 위에 세워졌다.

인천 국제공항 부지 조성은, 먼저 영종도와 용유도를 연결하기 위하여 두 섬을 가로지르는 두 개의 제방을 쌓고 그 위에 도로를 건설하였다. 영종도에서 바위와 흙을 바다에 부으면서 용유도 쪽으로 불도저를 밀고 나가는 방법을 사용하였는데, 연결 도로의 바깥쪽으로 호안 침식을 막기 위해 호수나 해안의 비탈면에 만드는 시설을 건설한 뒤 다시 내부 공사를 위한 내부 호안을 쌓았다. 이렇게 만들어진 양쪽 연결 도로 안을 바위와 흙으로 채워서 인공섬을 만들었다. 일반적으로 바다를 메워서 만들어진 땅은 매우 무르기 때문에 그 위에 건물을 지으려면 땅을 단단하게 만들어야 한다. 땅 속에 모래나 자갈, 시멘트를 다져 넣기도 하고 무거운 추를 낙하시켜 땅을 단단하게 다지기도 한다. 인천 국제공항 부지를 만들기 위해서는, 모래를 땅속에 지름 30~40센티미터 정도의 기둥 모양으로 평균 13미터 깊이로 다져 넣어 땅을 빠른 시간 안에 단단하게 하는 방법과 10톤 무게의 추를 약 1.2미터 높이에서 낙하시키면서 땅을 다지는 방법을 동시에 사용하였다.

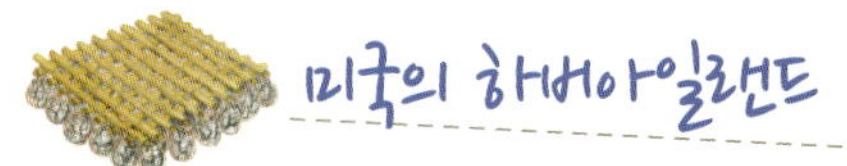

미국의 하버아일랜드

1909년에 건설된 시애틀의 하버아일랜드Harbor Island는 미국에서 가장 큰 인공섬이다. 두와미시Duwamish 강 하구에 만들어진 이 섬은 두와미시 강과 근처의 잭슨 힐Jackson Hill의 흙을 가져다 매립하였는데, 처음 만들어질 당시에는 넓이가 약 1.42제곱킬로미터로 세계에서 가장 큰 인공섬이었다. 1938년에 세계박람회를 대비해 샌프란시스코 만灣에 트레저아일랜드Treasure Island가 건설되면서 세계 1위 자리를 내어 주었으나, 1967년에 추가로 면적 1.6제곱킬로미터를 넓히면서 다시 세계 1위 자리를 되찾았다. 그러나 이후 세계적으로 수많은 인공섬이 건설되면서 세계에서 가장 큰 인공섬의 명예는 일본의 로코아일랜드Rokko Island에 내어 주었다.

하버아일랜드

트래저아일랜드

일본 고베神戸에 건설된 로코아일랜드는 하버아일랜드의 세 배가 넘는 넓이를 자랑한다. 하지만 하버아일랜드는 여전히 미국 내에서는 가장 큰 인공섬이다.

하버아일랜드가 처음 건설되었을 때에는 철도가 연결 되어 있어 항만, 어항, 마리나스포츠용 요트나 보트 등이 정박하는 곳 등으로 주로 사용되었다. 그러나 제2차 세계 대전이 끝난 뒤 이곳에 시애틀 타코마 국제공항이 들어서면서 상업적 공 간으로 활용 범위가 넓어졌다. 섬 안에 주거 시설은 없지만 섬 주위 1.6킬로미터 안에 1만 명 이상의 주민이 살고 있는 시애틀의 대표적인 중심 지구로 자리 잡았다.

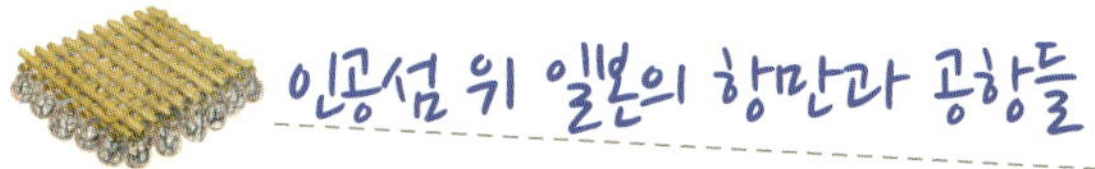

인공섬 위 일본의 항만과 공항들

일본은 항만을 건설해야 하는데 해안 근처에서 마땅한 토지를 찾을 수 없게 되자 바다를 메워 항만이 들어설 땅을 마련하였다. 일본이 항만을 건설하기 위해 인공섬을 만든 사례는 매우 많은데, 대표적인 예로 고베 항의 포트아일랜드Port Island와 로코아일랜드Rokko Island를 꼽을 수 있다. 포트아일랜드는 1966년부터 1981년까지 오랜 시간에 걸쳐 바다를 매립하여 만든 면적 4.4제곱킬로미터 정도의 인공섬이다. 이 섬은 건설 이후 항만으로 이용되었으며, 1987~1996년에는 면적을 넓히기 위한 추가 공사가 이루어졌다. 고베 시는 포트아일랜드 건설 후에도 항만을 넓히거나 도시를 재개발하는 데 필요한 용지를 크고 작은 인공섬을 여럿 건설

고베 항(사진의 왼쪽)과 오사카 항(사진의 오른쪽)의 전경

하여 확보하였다. 그중 1973~1992년에 건설한 로코아일랜드는 넓이 5.8제곱킬로미터로 세계 최대 규모의 인공섬이다. 토지가 절대적으로 부족한 섬나라 일본은 고베 항 외에도 인공섬을 만들어 그 위에 건설한 항만이 많다. 고베 근처의 오사카大阪 항에도 수많은 인공섬 항만이 건설되어 있다.

일본의 도쿄 만東京灣에도 다양한 형태의 인공섬이 있는데, 오다이바Odaiba도 그중 하나이다. 오다이바는 그 유명한 레인보우브리지가 섬 전체를 가로지르고 있는데, 처음에는 군사적 목적으로 만들어졌지만 최근에는 다양한 상업 시설

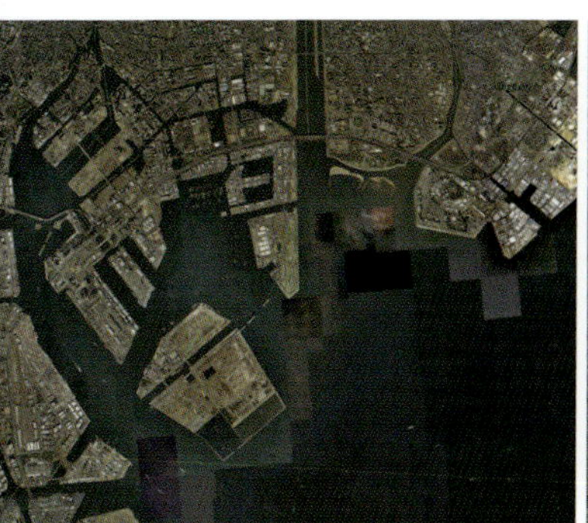

도쿄 만

요코하마 항

과 레저 시설들이 들어서 번창하고 있다. 요코하마橫濱의 미나토미라이Minato Mirai와 함께 일본 수도권의 2대 중심지로 자리 잡았을 정도이다.

보통 공항을 건설하려면 최소 3킬로미터 이상의 활주로가 필요하고, 주변에는 부대시설을 지을 수 있는 충분한 공간이 있어야 한다. 그렇게 넓은 토지를 확보하기도 쉽지 않지만, 비행기가 뜨고 내릴 때에 내는 소음은 사람과 환경에 심각한 피해를 끼치기 때문에 내륙에서는 점점 공항 부지를 찾기가 어려워지고 있다. 그런저런 이유로 최근에는 바다에 공항을 건설하는 사례가 늘고 있다.

키타큐슈 공항

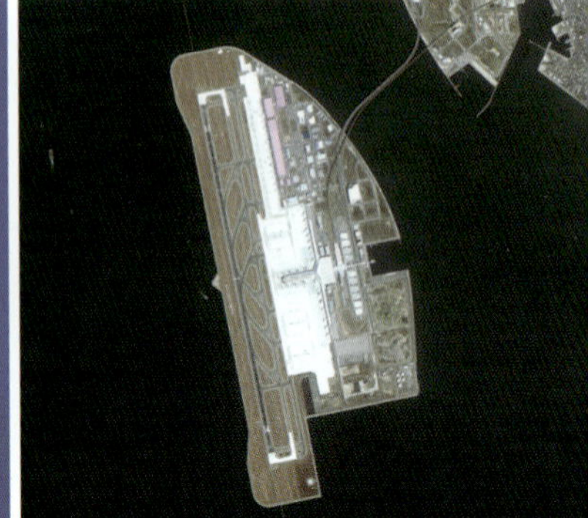

쥬부 공항

일본에서도 사정은 비슷하여 인공섬 위에 항만을 건설하였던 것처럼 공항도 인공섬을 활용하여 조성하고 있다. 일본의 수도 도쿄로 들어가는 관문이 되는 하네다羽田 공항을 비롯해 키타큐슈北九州 공항, 간사이關西 공항, 쥬부中部 공항 등이 대표적인 예이다.

하네다 공항은 우리나라의 김포 공항과 마찬가지로 도쿄의 대표적인 국제공항이었다가 나리타 공항이 건설되면서 국내 항공편 위주로 운영되었다. 하지만 최근 다시 확장 공사를 진행하여 국내선뿐만 아니라 국제노선도 운항이 재개되었으며 앞으로 운항편 수를 계속 늘여갈 예정이라 한다.

하네다 공항

　　하네다 공항의 재확장 공사는 공항 옆으로 흐르는 타마 강 하구의 흐름을 방해하지 않도록 일부 구간에 말뚝을 세우고 그 위에 활주로를 설치하는 방식으로 건설되었다. 바로 잔교식 인공섬이다.

　　오사카의 간사이 국제공항은 1994년 오사카 만에서 5킬로미터 떨어진 평균 수심 18미터의 바다를 매립하여 가로 4킬로미터, 세로 2.5킬로미터의 인공섬을 만들어 건설하였다. 인공섬 위에 3.9킬로미터 길이의 활주로를 놓았으며, 2007년에는 1단계로 조성한 인공섬과 나란하게 바깥쪽으로 길이 4킬로미터의 활주로를 가진 인공섬을 2단계로 건설해

하네다 공항의 재확장 공사

공항을 확장하였다.

간사이 국제공항처럼 바다를 메워서 인공섬을 만들려면, 바다 바닥^{해저}에서 해수면까지의 공간을 채우기 위해 육지에서 가져온 흙이나 돌을 바다에 쏟아 붓게 된다. 이때 바다 밑바닥에 있는 땅은 원래 땅 위를 누르고 있던 바닷물보다 훨씬 더 무거운 흙과 돌의 무게를 버텨야 한다. 결국 엄청나게 내리누르는 흙과 돌의 무게를 견디지 못하고 해저 바닥은 땅이 가라앉는 침하현상이 일어나게 된다. 이러한 침하현상은 원래 바다 밑바닥의 땅이 물이 잘 빠지는 모래 성분이었으면 바다를 흙이나 돌로 메울 때 바로 일어나지만,

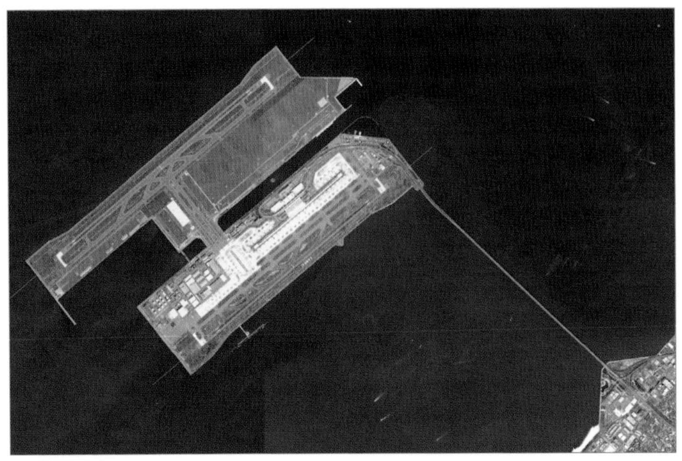

간사이 국제공항

물이 잘 빠지지 않는 점토[뻘] 성분이 많을 때에는 매립하고 꽤 시간이 지나서야 일어난다. 이렇게 어떠한 힘이 가해져서 땅 속의 물이 천천히 빠져나가면서 오랜 시간에 걸쳐 침하가 일어나는 현상을 '압밀壓密, consolidation' 이라고 한다.

바다 밑바닥 땅의 성분이 모래라면 인공섬을 만들기 위해 바다를 메울 때 모래 속의 물이 대부분 빠져나가 침하가 일어난 상태에서 매립을 하기 때문에 큰 문제가 생기지 않는다. 그러나 물이 잘 빠지지 않아 압밀현상이 일어나는 점토[뻘]로 된 지반이라면, 인공섬이 만들어지고 나서 시간이 흐

압밀의 원리

르면서 천천히 침하현상이 나타나기 때문에 큰 문제가 생긴
다. 즉, 압밀현상은 수년에서 수십 년에 걸쳐 일어나므로,
바다 위에 인공섬을 만들고 공항이나 항만 등을 한창 건설
할 때나 이미 시설이 완공되어 공항이나 항만으로 사용할
때에 땅이 계속 가라앉게 된다. 만약 내가 서 있는 땅이 자
꾸 가라앉는다면 큰 문제가 아닐 수 없을 것이다.

간사이 국제공항은 이러한 압밀현상으로 인한 침하가 두드러지게 나타나는 대표적인 공항이다. 처음 공항을 건설할 때에 바다 밑 지반을 조사했는데 깊이 400미터 이상까지 점토 성분으로 되어 있다는 사실을 확인하고 매립에 의한 인공섬을 건설하는 것이 적절하지 않다는 의견이 있었다. 그러나 여러 가지 이유로 공사를 중단하지 않고 매립식 인

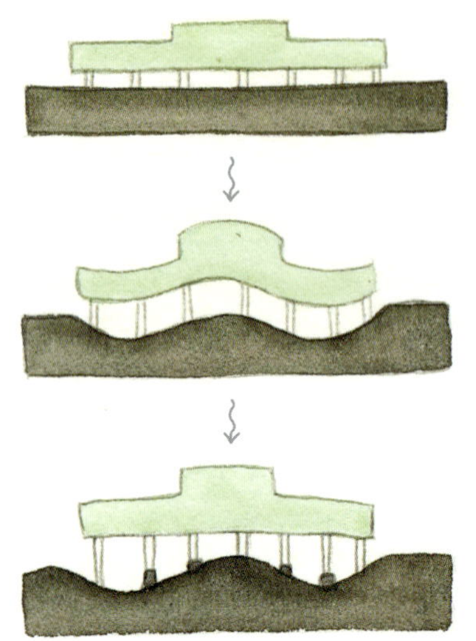

유압잭을 이용한 건물 보호 장치 가라앉는 공항이 될 뻔한 간사이 국제공항을 유압잭이 유지시키고 있다.

공섬을 만들고 공항을 건설하였다. 공항을 개항하고 항공기가 이착륙하기 시작한 1994년부터 2010년까지 최대 8미터 이상 땅이 가라앉는 침하현상이 나타났다. 공항을 건설할 때부터 이러한 문제가 발생할 것을 예상하고 있었으므로 해결할 방법도 연구하였다. 현재는 공항 건물의 기둥에 유압잭oil jack을 설치하여 지반이 가라앉는 깊이만큼 건물 기둥을 들어 올리는 방법으로 공항을 유지하고 있다.

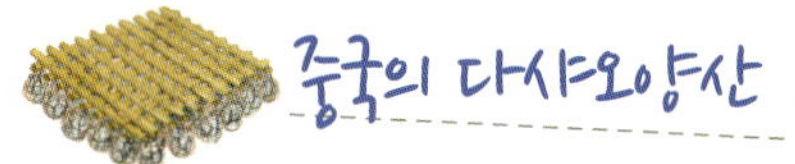

중국의 다샤오양산

선박이 드나들거나 머물면서 화물이나 사람을 싣고 내리는 작업을 하는 항만은, 선박이 안전하게 운항할 수 있는 정도의 수심을 유지해야 한다. 그러므로 항만의 규모가 크면 클수록 수심이 깊은 곳에 위치하게 된다. 중국의 큰 하천들은 상류에서는 침식작용이 활발한데 하류에서는 흐름이 느려져 하구에 흙이 많이 퇴적되므로 대부분의 해안 수심이 얕은 편이다. 그래서 중국 항만은 소형 선박을 접안하는 소규모 항만 중심으로 발달해 왔으며, 대형 선박은 일본의 고베 항이나 한국의 부산항과 같은 허브 항에 들려서 화물을 작은 선박에 나누어 싣고 중국으로 들어오는 방식^{환적 방식}으로 운항하였다. 그런데 2001년부터 신5개년 계획에 따라 산

상하이의 다샤오양산 선수이 항

업 전반을 개방하면서 물동량이 크게 늘어나자, 중국 정부는 직접 대형 선박을 유치하는 직기항 방식환적 방식의 반대으로 바꾸기 위한 대형 항만을 건설하기 시작했다.

중국의 대표 항만이라 할 수 있는 상하이上海 항은, 육지에서 32.5킬로미터 떨어진 다양산다오大洋山島와 샤오양산다오小洋山島를 연결한 뒤 그 사이를 매립해서 수심이 15미터 이상 되는 새로운 형태의 대형 인공섬 항만인 선수이 항을 새로 건설하여 낮은 수심 문제를 해결하였다. 육지와는 왕복 6차선의 둥하이東海 대교로 연결되는 선수이 항은 세계 최고의 허브 항을 목표로 만들어졌다.

2003년에 우리나라 부산항을 제치고 컨테이너 처리 실적 세계 3위로 올라섰으며, 2006년에는 물동량 처리 세계 1위를 차지하더니 현재까지도 유지하고 있다. 컨테이너 처리 실적 또한 2010년까지 세계 1위를 확고하게 지키던 싱가포르 항을 제치고 2011년 마침내 세계 1위에 올랐다.

원유 시추 기지

현대 사회를 유지하는 데 없어서는 안 되는 중요한 자원 중의 하나가 석유이다. 그러나 육지에 매장되어 있는 원유의 양이 점점 한계를 드러내면서 사람들은 새로운 유전을 찾아 나서게 되었다. 시추하기는 육지에서보다 어렵지만 어쩔 수 없이 점점 더 깊은 바다에 매장된 원유까지 채굴하게 되었다. 이때 깊은 바다 밑의 원유를 시추하기 위해 바다 한가운데 건설하는 해양 기지도 인공섬의 한 형태라 할 수 있다.

알래스카 뷰포트 해Beaufort Sea에 1984년 건설한 노스스타아일랜드Northstar Island가 한 예이다. 알래스카 해안으로부터 약 9.7킬로미터 떨어져 있는 노스스타아일랜드는 넓이가

2만 제곱미터인 인공섬으로, 수심 3.8킬로미터 아래의 해저 면을 시추하여 원유를 채굴하기 위해서 만들었다. 이 지역은 수심이 깊을 뿐만 아니라 주변을 떠도는 빙하와 충돌할 위험이 있기 때문에 보통 흙이나 돌을 채워 넣어 메우는 방식으로 건설하는 인공섬과는 다른 좀 더 안전한 방법을 찾아야만 했다. 그래서 미리 육지에서 섬 전체의 틀을 만든 후 그 틀을 바다로 가져와서 설치하고자 하는 위치에 내려놓고, 현장에서 틀 안에 콘크리트를 채워 넣어 인공섬을 만들었다.

또 다른 원유 시추 플랫폼 중에 러시아의 사할린에 설치된 룬스코예–A^{Lunskoye-A} 플랫폼과 필턴–B^{Piltun-B} 플랫폼은 우리나라와 관련이 깊다. 우리 기술로 만든 룬스코예–A 플랫폼은 가로 75미터, 세로 126미터, 높이 100미터 크기에 2만 7000톤 규모로 2006년 설치할 때만 해도 세계 최대 규모였다. 그런데 이 룬스코예–A 플랫폼을 2위로 밀어내고, 현재 세계 최대 규모를 자랑하는 필턴–B 플랫폼도 우리 기술로 제작된 것이다. 사할린 섬에서 동쪽으로 16킬로미터 떨어진 해상에 설치된 필턴–B 플랫폼은 축구장의 2배 넓이에 40층 빌딩 높이로 가로 100미터, 세로 105미터, 높이

룬스코예-A 플랫폼

120미터의 규모이다. 하루 260만 세제곱미터의 천연가스와

7만 배럴의 원유를 생산하고 있다.

석유, 액화천연가스 비축 기지

우리가 생활하는 데 없어서는 안 되는 한 가지를 꼽으라면 무엇일까? 여러 가지가 필요하겠지만 그 중 하나가 바로 전기이다. 전기를 만들기 위해 꼭 필요한 것이 석유와 액화천연가스LNG 같은 에너지 자원이다. 이러한 자원은 전 세계 모든 국가가 전략적으로 매우 중요하게 여기는 것으로 항상 일정량 이상을 비축하고 있어야 한다.

문제는 우리나라에서는 석유와 액화천연가스가 생산되지 않는다는 것이다. 우리나라에서 일정량 이상의 이런 자원을 비축하기 위해서는 먼저 이들 자원을 수입해서 초대형 유조선으로 옮겨 와야 하고 대규모 저장 공간을 마련해 저장해야 한다. 그러나 이들 자원은 불이 잘 붙는 인화성 물질인 데다가 많은 양을 늘 비축해 두어야 하므로 적당한 저장

일본 시부시의 석유 비축 기지

공간을 찾기가 쉽지 않다. 이런 이유로 대부분의 석유 비축 기지는 유조선이 드나들기 편하고 배를 대기 쉬우며 인적이 드문 해안에 자리 잡게 된

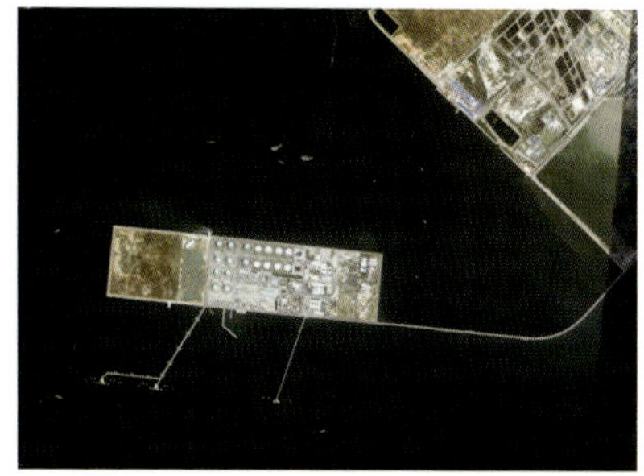

인천 LNG 인수 기지

다. 최근에는 인공섬 건설 기술이 발달하면서 이를 활용하여 바다 한가운데 석유나 가스를 저장하는 비축 기지를 세우는 경우가 늘고 있다. 일본의 시부시 석유 비축 기지와 카미고토 석유 비축 기지, 그리고 우리나라의 인천 액화천연가스 인수 기지가 대표적인 예라고 할 수 있다.

모습을 드러낸 전설의 섬, 이어도

우리나라 최남단에 위치한 섬은? 하고 누가 묻는다면 단 1초의 망설임도 없이 '마라도'라는 대답이 튀어나온다. 정말 그럴까? 물론 정답이다. 그러나 이것은 사람이 살고 있는 유인도로 한정할 때에만 맞는 대답이다. 마라도에서 남서쪽으로 149킬로미터 떨어진 곳에는 제주도에서 환상의 섬이라고 부르는 이어도가 있다. 배를 타고 나간 어부가 이어도를 보면 살아 돌아오지 못한다는 전설이 전해지는 섬이다. 이어도 근처까지 고기를 잡으러 나간 배가 이 섬을 봤다는 것은, 파도가 몹시 높게 일었다는 뜻이다. 이어도는 바닷속에 잠겨 있는 수중 암초이다. 그래서 파도가 10미터 이상 거세게 몰아쳐야 섬의 모습을 볼 수 있다. 옛날에는 크지 않

이어도 종합해양과학기지

은 어선으로 풍랑이 심한 날씨를 견뎌 내고 무사히 돌아오기가 힘들었기 때문에 이런 전설이 생겼을 것이라 생각된다.

평소에는 바닷물 속에 잠겨 보이지 않는 이어도는 바닷속으로 약 4.6미터만 내려가면 가장 높은 곳을 만날 수 있다. 수심 40미터 깊이를 기준으로 해서 이어도의 크기를 재어 보면 남북 방향이 약 600미터, 동서 방향이 약 750미터로 상당히 거대한 암초이다.

　이 환상의 섬 이어도에 2003년 6월 10일 종합해양과학 기지가 건설되었다. 이어도 종합해양과학기지는 해양수산부 연구 사업의 하나로 해양 환경, 수산 자원, 태풍 등을 연구하기 위해 한국해양연구원이 건설하였다. 이어도 종합해양과학기지는 바다 위 철탑 모양의 대형 자켓jacket 구조 위에 설치되었는데, 넓은 의미에서는 잔교식 인공섬이라 할 수 있다. 쟈켓은 육지에서 흔히 볼 수 있는 대형 송전 철탑과 유사한 형태인데, 4개의 기둥과 철골 구조를 육상에서 제작하여 배로 실어 와서 설치 위치에 말뚝을 박아 기둥을 세우고 철골 구조를 기둥 위에 조립하여 만들었다. 외국의 경우에는 북해에 건설한 러시아의 원유 시추 기지와 미국 텍사스 걸프 만의 원유 시추 기지가 자켓 형태로 되어 있다.

바다, 새로운 개척자를 만나다

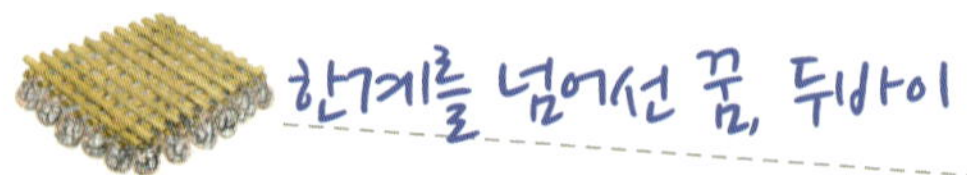

한계를 넘어선 꿈, 두바이

아랍에미리트 연방^{UAE, United Arab Emirates}은 1971년 영국에서 독립한 일곱 개의 자치 왕국이 모여 만든 연방이다. 두바이^{Dubai}는 일곱 개 토호국 중 하나로, 아부다비^{Abu Dhabi}에 이어 두 번째로 큰 나라이다. 보통 아랍에미리트 연방의 대통령은 아부다비에서, 총리는 두바이에서 선출한다. 두바이는 페르시아 만 입구에 있으며 사우디아라비아, 이란, 이라크 등과 맞닿아 있다. 면적은 3885제곱킬로미터로 우리나라 제주도의 두 배 정도 되는데, 그나마 약 90퍼센트가 사막이다. 2010년 현재 1인당 국민소득은 5만 9717달러이며, 인구의 80퍼센트 이상이 외국인으로 구성되어 있다. 두바이는 중동 지역 국제 항공의 중심지이자 백만장자의 도시이다.

원유를 생산한다는 사실 외에 크게 두드러질 만한 것이 없던 두바이가 세계의 주목을 받기 시작한 것은, 석유에 의존하고 있는 경제 구조에서 벗어나기 위한 장기적인 발전 계획을 발표하면서부터이다. 특별한 자원 없이도 꾸준히 경제 성장을 하고 있는 싱가포르중계무역와 홍콩금융을 롤모델로

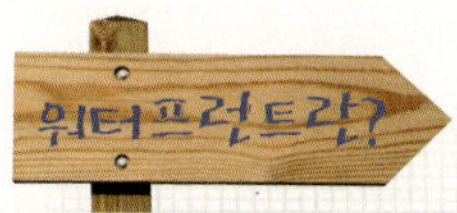

워터프런트는 1970년 이후 전 세계적으로 도시 개발이 활발해지면서 사용하기 시작한 용어로, 원래는 육지와 하천, 바다가 서로 만나는 지역을 뜻하는데 친수親水 공간 또는 수변waterside 공간의 의미로도 사용되었다. 또한 물에서 육지로, 육지에서 물로 경계를 넘나들거나 교통수단을 갈아타는 환승의 기능이 있는 관문이란 뜻으로 항구, 부두의 의미로도 쓰인다.

1980년대 중반부터 부쩍 더 사용하게 된 워터프런트라는 말은 연안역, 수변과 같은 전문 용어로 사용되고 있는데, 쉽게 표현해서 강이나 바닷가에 만들어진 관광 지역 정도로 이해해도 큰 무리가 없다.

삼아, '2018년에는 연간 관광객 1억 명을 불러들이겠다.'는 목표로 대규모 워터프런트 개발 전략을 발표하였다. 이 계획은 두바이를 인간의 상상력이 극대화된 '꿈의 오아시스'로 탈바꿈시키겠다는 것이다.

두바이의 워터프런트 개발은 크게 세 가지 형태로 나눌 수 있다. 첫째, 바다 위에 인공섬을 만들어 호텔이나 빌라 같은 시설을 건설하는 것, 둘째는 초고층 빌딩과 인공 호수를 연계하여 함께 개발하는 것, 그리고 셋째는 운하를 만들어 운하 주변으로 대규모 신도시를 개발하는 것이다. 이러한 개발 계획은 지금까지 다른 국가들이 계획하고 추진해 온 것과 크게 다르다고 할 수는 없다. 그러나 두바이는 국토의 많은 부분이 사막과 같은 불모의 땅이므로 계획대로 진행만 된다

버즈알아랍 호텔

면 전혀 새로운 형태의 국가로 바뀌는 것이기 때문에 창조적인 개발이라고 할 수 있다.

두바이 워터프런트 개발의 시작은 버즈알아랍Burj Al Arab 호텔이다. 워터프런트 개발의 첫 번째 콘셉트에 해당하는 사업으로, 해안선에서 280미터 떨어진 바다 위에 인공섬을 만들고 그 섬에 돛단배 형상의 호텔을 건설한 것이다. 1999년 연말에 문을 연 이 호텔은 60층 건물에 높이가 321미터로 호텔 중에서는 세계에서 가장 높다. 육지에서 버즈알

두바이의 인공섬 계획(위), 팜아일랜드 건설 과정(아래 3컷)

1 팜 주메이라는 직경 5.5킬로미터, 면적 25제곱킬로미터로 특급 호텔, 고급 빌라나 아파트, 쇼핑 센터로 이용될 예정이다. 2 팜 제벨알리는 직경 7.5킬로미터로 수상 가옥 등을 건설할 계획이다. 3 팜 제벨알리의 수상 가옥 4 수상 가옥으로 쓰여진 바다 위 문장들

아랍 호텔까지는 다리를 놓아 연결했으며, 헬기나 요트 등을 이용해서 호텔로 들어갈 수도 있다.

두바이는 버즈알아랍 호텔이 들어선 이후 바다 위의 인공섬 개발 프로젝트인 팜아일랜드Palm Island와 더 월드The World 개발 계획을 발표하여 다시 한 번 전 세계를 놀라게 하였다. 팜아일랜드는 팜 주메이라Palm Jumeirah, 팜 제벨알리Palm Jebel Ali, 팜 데이라Palm Deira라고 부르는 세 개의 해상 도

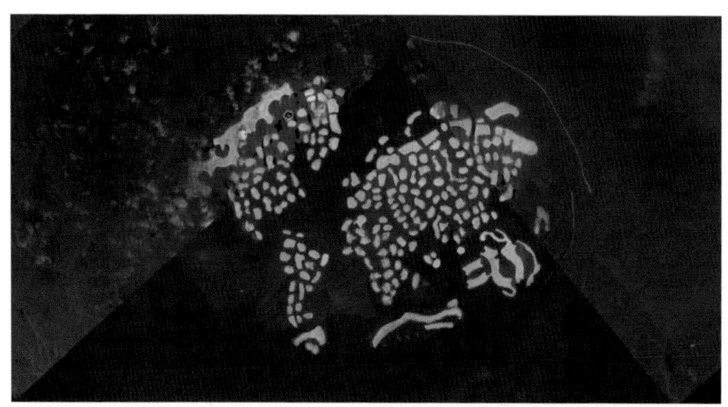

더 월드 프로젝트

시 건설과 함께 해상 도시 안의 주거와 레저 시설에 대한 계획까지 모두 포함하고 있다. 세 개의 해상 도시는 각각 크고 작은 여러 개의 인공섬으로 이루어져 있다. 2003년에 가장 먼저 공개된 팜 주메이라 섬은, 세계 부동산 시장에 공개된 지 3주 만에 분양이 완료되는 기록을 세웠다.

팜 제벨알리에는 수상 가옥을 건설하는 계획이 포함되어 있는데, 이 수상 가옥들은 바다에 뜻이 담긴 문장을 나타내며 늘어서 있다. '말을 탄다고 모두 기수는 아니다. 위대한 사람은 큰 어려움을 딛고 일어선다.'와 '현인들로부터 지혜를 배우라, 비전을 가진 사람은 물에도 글을 쓸 수 있다.'는 문장으로, 두바이를 개척해 가는 과정의 꿈과 야망을 표

버즈칼리파 빌딩의 조감도(왼쪽)와 건설 현장(오른쪽)

현하고 있다.

더 월드 프로젝트는 바다 위에 세계 지도 모양으로 인공섬을 건설하는 사업이다. 지름 7킬로미터 정도의 방파제 안에 약 300여 개의 인공섬을 전 세계 지도 모양으로 배치하는 것으로, 각 섬의 면적은 2만 3000~8만 3000제곱미터이고 섬 사이의 간격은 약 50~100미터 정도 된다. 더 월드는 팜 주메이라와 팜 데이라의 중간쯤 자리 잡고 있으며, 해안선에서 4킬로미터 정도 떨어져 있다. 더 월드에는 우리나라에 해당하는 섬도 있는데, 면적이 약 3만 제곱미터이며 2006년 약 300억 원에 분양된 것으로 알려져 있다.

워터프런트

아라비안 운하

두바이 개발 사업의 두 번째 콘셉트로 진행된 버즈칼리파Burj Khalifa 빌딩은 우리나라의 삼성물산(주)이 시공하였으며, 지상 134층, 높이 800미터로 현재 세계에서 가장 높은 건물이다. 특히 이 건물 옆으로 인공 호수를 함께 만들어 두바이 도심을 조성하였다. 버즈칼리파 빌딩과 인공 호수는 워터프런트 개발의 대표적 사례로 꼽히고 있다.

두바이 개발 계획의 세 번째 콘셉트는 아라비안 운하 프로젝트이다. 아부다비와 가까운 두바이의 남서쪽 워터프런트에서부터 육지 쪽으로 약 35킬로미터 길이의 운하를 파고 해안선과 평행하게 약 20킬로미터, 또다시 바다 쪽으로 약 20킬로미터 길이의 운하를 파서 운하로 둘러싸인 안쪽과 운

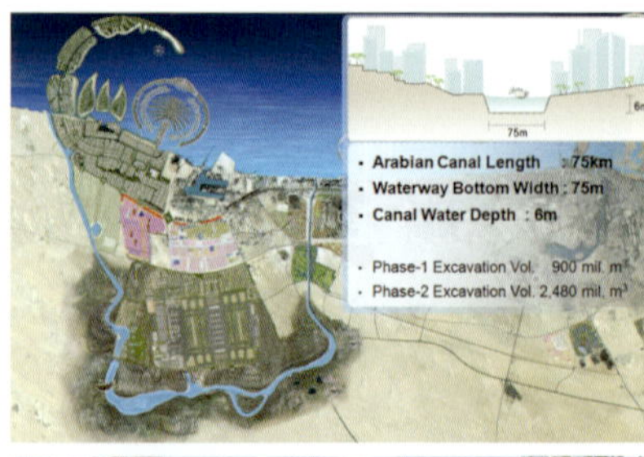

아라비안 운하 개발 계획 및 운하 단면(위)과 운하 조감도(아래 2컷)

하를 둘러싸고 있는 바깥쪽인 내륙을 함께 개발하는 계획이다. 즉, 아라비안 운하 프로젝트는 전체 길이가 75킬로미터인 운하를 만들고 이 운하에 바닷물을 채워 운하에 둘러싸인 안쪽 공간을 거대한 섬으로 만드는 것으로, 새로운 개념의 워터프런트 계획이다.

아라비안 운하를 만들려면 약 25억 세제곱미터의 흙을 파내어야 하는데, 이때 파낸 흙을 허투루 버리는 것이 아니라 운하 주변에 계단식 토지를 만드는 데 사용하여 대단위 단지를 조성할 예정이다. 그 위에 새로운 도시를 개

아라비안 운하의 갑문(왼쪽)과 마리나(오른쪽)

발하여 모래사막이 대부분인 두바이를 새로운 개념의 워터 프런트 도시로 탈바꿈시키는 것이다. 운하를 조성하기 위해 굴착하는 25억 세제곱미터의 흙은 일본의 대표적 매립식 인공섬인 간사이 공항을 25개나 만들 수 있는 양이라고 한다.

아라비안 운하 주변을 개발하는 계획도 매우 다양한데, 운하를 판 비탈진 부분 중 경사가 완만한 지역은 터를 닦아서 빌라나 마리나, 공원을 만들 예정이고 일부 경사가 급한 곳에는 고층 빌딩을 세울 계획을 가지고 있다. 또한, 각각의 운하 입구에서 약 10킬로미터 지점에는 갑문을 설치하는데, 이 갑문은 바닷물로 채워진 운하의 수질을 개선하기 위해 첨단 시스템을 도입하여 설계하였다. 운하의 중요 지점에는 마리나를 설치해서 도심의 중심지까지도 선박을 이용해 쉽

두바이 워터프런트의 현재

게 이동할 수 있도록 계획하고 있다.

최근에 발생한 글로벌 금융 위기 때문에 두바이의 대형 건설 프로젝트들이 잇따라 지연되거나 중단되고 있기는 하지만, 워터프런트를 만들어 가는 창조적인 콘셉트의 두바이 개발 계획은 우리나라는 물론 인근 국가에 여러 가지 생각할 거리를 안겨 주었다. 특히 인근의 아부다비, 카타르, 바레인 같은 국가들은 두바이를 모티브로 해서, 해양을 개발하여 새로운 시장을 창출해 내는 데 관심을 갖고 미래의 성장 동력을 찾고 있다.

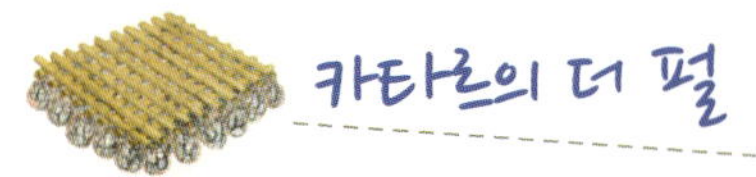

카타르의 더 펄

카타르Qatar는 아라비아 반도 북동쪽의 페르시아 만에 돌출되어 있는 카타르 반도에 자리 잡은 국가이다. 18세기에는 지금의 바레인 토후인 할리파의 영토였으나 이후 영국의 보호를 받다가 1971년 독립하였다. 국토의 면적은 1만 1437제곱킬로미터이고 인구는 86만 명에 불과하다. 그러나 천연가스세계 3위와 원유세계 16위의 생산량이 많아서 2009년 현재 1인당 국민소득이 8만 608달러일 정도로 경제적으로는 매우 부유한 나라이다.

두바이의 팜아일랜드 개발이 발표된 이후 중동에서는 유행처럼 인공섬들이 건설되기 시작했는데, 카타르에서도 대형 인공섬 프로젝트가 진행되고 있다. 카타르의 수도 도

더 펄

하Doha의 웨스트베이라군West Bay Lagoon area 해안선에서 350미터 떨어진 곳에 더 펄The Pearl이란 이름으로 인공섬이 건설되고 있다. 인공섬의 이름이 된 펄진주은 석유가 주요 생산물이 되기 전 카타르의 주요 생산품이었다.

인공섬의 전체 면적은 400만 제곱미터이며, 아라비아와 지중해, 유럽 문화의 조화를 주제로 해서 1만 5000명이 거주할 수 있는 고급 빌라와 아파트, 호텔, 각종 상점과 음식점, 공연장 등을 건설할 예정이다. 더 펄은 모두 13개의 크고 작은 섬들로 이루어질 계획인데, 그중 가장 크고 중심부에 위치한 포르토아라비아Porto Arabia가 먼저 개장하였다. 이 섬은 주로 요트장과 고급 빌라로 구성되어 있다. 나머지 12개의 섬 중에서 조금 더 작은 8개의 섬은 개인에게 분양될 예정이라고 한다.

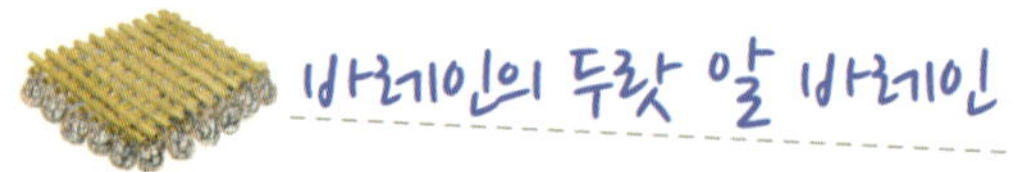

바레인의 두랏 알 바레인

아라비아 반도와 카타르 사이의 페르시아 만에 자리 잡은 바레인Bahrain은 가장 큰 섬인 바레인 섬을 중심으로 크고 작은 33개의 섬이 모여 이루어진 섬나라이다. 오랫동안 이란과 영국의 지배를 받다가 1971년에 독립했으며, 2010년 현재 인구는 123만 5000여 명이고 1인당 국민소득은 2만 6852달러로 아랍 산유국 중에서는 높은 편이 아니다.

바레인에서도 두바이의 영향을 받아 인공섬을 건설하고 있는데, 넓이가 2000만 제곱미터에 이르는 두랏 알 바레인Durrat Al Bahrain이 바로 그것이다. 두랏 알 바레인은 세계에서 가장 큰 리조트 조성을 목표로 건설되고 있으며, 2007년 아부다비에서 처음으로 그 모습이 소개되어 세계의 관심을

두랏 알 바레인

끌었다. 두랏 알 바레인은 약 60억 달러의 공사비가 들어가는 대형 프로젝트로, 둥근 산호초 모양의 인공섬 6개와 물고기 형상을 한 인공섬 5개, 그리고 초승달 모양의 인공섬 2개로 구성되어 있다.

이렇게 조성된 인공섬에는 호텔을 비롯해 골프장, 요트장을 포함하는 해양 리조트 시설이 들어설 예정이었다. 그러나 이 세계에서 가장 큰 리조트 건설은 2008년 2월 노동자의 파업과 임금 체불 등으로 아쉽게도 공사가 중단되었으며, 현재까지 공사는 진행되지 못하고 있다.

페르시아 만 연안에 위치한 몇몇 아랍권 국가에서 건설한 인공섬의 위치는 아래 지도에 나타낸 것과 같다.

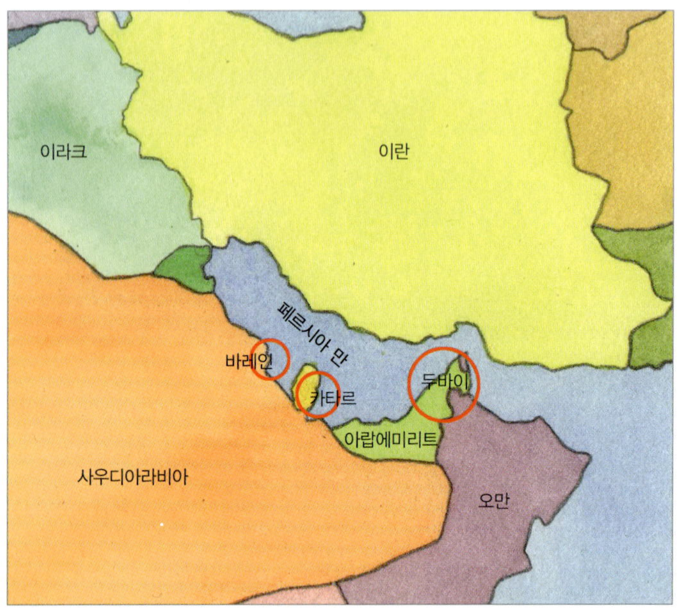

페르시아 만의 인공섬들 붉은색 원이 인공섬이 들어선 곳이다.

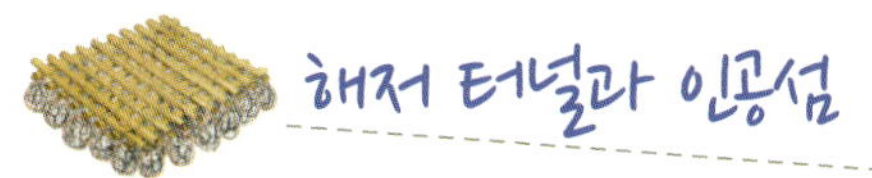

해저 터널과 인공섬

　　바다 위의 섬과 육지를 연결하기 위해서 또는 아주 큰 만灣, bay을 돌아서 가는 수고와 시간을 줄이기 위해서 사람들은 바다를 가로지르는 대형 다리를 놓거나 해저 터널을 뚫는다. 그러나 바다 위를 가로지르는 큰 다리를 건설할 것인지 아니면 바다 밑을 통과하는 해저 터널을 건설할 것인지를 결정하는 일은 그리 단순한 문제가 아니다. 주변의 자연환경과 생태계, 통행하는 선박의 크기, 다리나 터널을 이용하게 될 차량이나 열차의 예상 교통량 등 여러 가지 여건을 세심하게 조사한 후에 결정해야 한다.

　　해저 터널은 대부분 바다에 다리를 놓기 어려운 경우에 건설하게 되는데, 해저 터널의 길이가 길어질 경우에는 반드시 몇 가지 구조물들을 함께 지어야 한다. 그중 하나가 일정한 거리마다 만들어야 하는 인공섬이다. 이 인공섬은 터널 내부에 신선한 공기를 공급해 환기를 시키고, 터널 안에서 화재가 일어나는 등의 비상 상황이 발생했을 때에 대비하여 비상 탈출 통로로 이용된다. 또 전체 구간이 해저 터널과 해상 다리로 연결된 경우라면, 바다 밑의 해저 터널이 수면 밖으로 나와 바다 위의 다리와 연결되는 지점에도 섬 같은 공간이 필요하다. 다행히 다리와 해저 터널이 연결되는 지점에 자연적으로 만들어진 섬이 있다면 활용하면 되겠지만, 그렇지 않은 경우에는 반드시 인공섬을 건설해야 한다.

일본의 아쿠아라인Aqua-Line은 도쿄, 요코하마, 가와사키川崎, 지바千葉, 기사라츠木更津 같은 대도시가 자리 잡고 있는 도쿄 만의 한가운데를 가로지르는 도로이다. 전체 길이가 15.1킬로미터인 이 도로는 해저 터널 구간 10.1킬로미터와 해상 다리 구간 4.4킬로미터가 연결되어 있다. 해저 터널과 해상 다리가 연결된 형태의 대표 도로로 꼽히는 아쿠아라인에도 환기와 비상 탈출을 위한 공간이 있으며, 다리와 터널의 연결 지점에는 모두 인공섬이 건설되어 있다. 환기를 위해 만들어진 인공섬은 '바람의 탑Kazenotou'이란 이름이

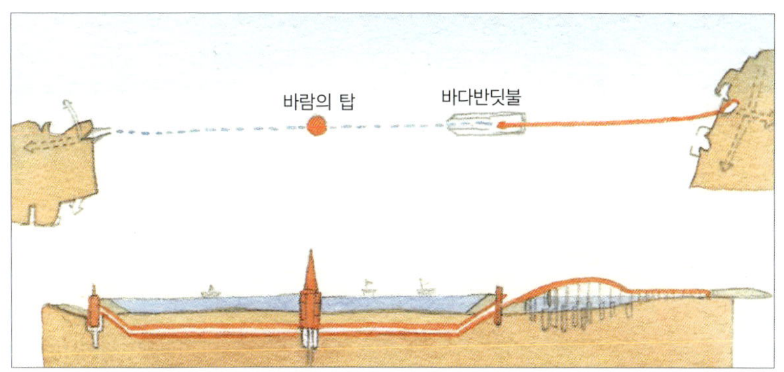

일본의 도쿄 만을 가로지르는 아쿠아라인

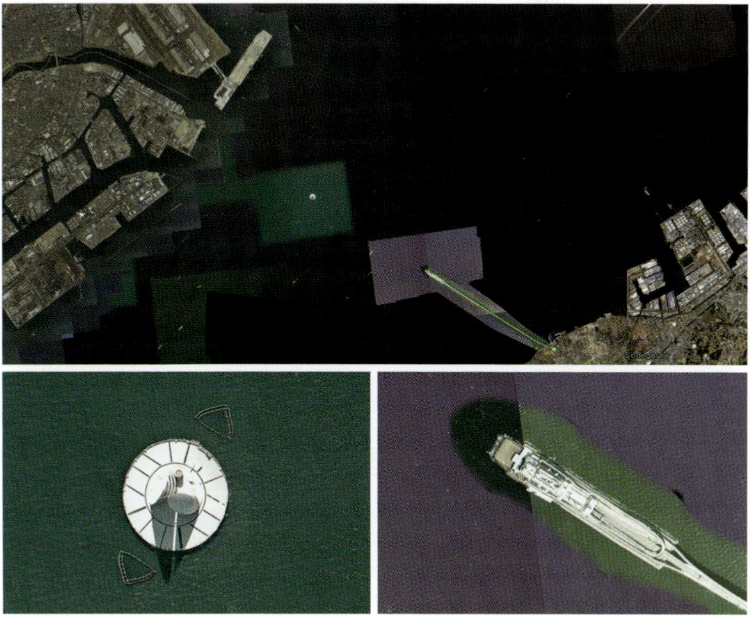

아쿠아라인(위)과 바람의 탑(아래 왼쪽), 바다반딧불(아래 오른쪽)

덴마크 외래순 링크의 인공섬인 페버홀름

붙여졌으며, 다리와 해저 터널이 연결되는 부분에 건설된 인공섬은 '바다반딧불Umihotaru'이라 부른다.

해저 터널과 다리를 연결하기 위해 만들어진 인공섬으로는 일본 외에도 덴마크의 페버홀름Peberholm, 이탈리아어로 후추 섬이란 뜻이 있다. 이 섬은 덴마크의 수도 코펜하겐과 스웨덴 남서부에 위치한 말뫼를 연결하는 외래순 링크Øresund Link에 건설된 길이 4킬로미터의 인공섬이다. 이 페버홀름을 기준으로 말뫼 방향으로는 7.8킬로미터의 다리가, 코펜하겐 방향으로는 4.05킬로미터의 해저 터널이 각각 건설되어 있다.

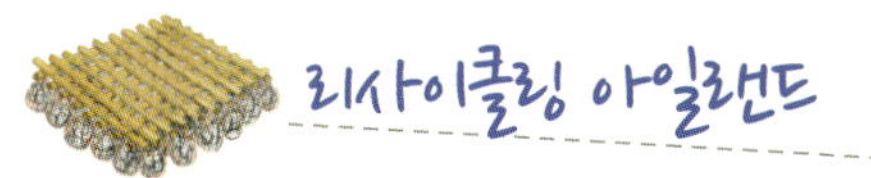

리사이클링 아일랜드

　보통 인공섬을 만들기 위하여 일부러 육지의 흙이나 암석을 캐내어 그것으로 바다를 메운다. 그런데 이와는 반대로 육지에서 처리하기 힘든 쓰레기나 폐기물을 바다에 매립하기 위해 인공섬을 만들기도 한다.

　몰디브의 수도 말레Malé의 서쪽에 틸라후시Thilafushi라는 인공섬이 있다. 원래 가로 200미터, 세로 7킬로미터 정도 크기의 작은 늪지였는데, 1992년부터 말레 지역에서 배출되는 폐기물을 이곳에 매립하기 시작하였다. 많은 양의 폐기물을 매립하기 위하여 늪지 아래의 땅을 1060세제곱미터 크기로 판 후 그 안에 폐기물을 매립하였으며, 매립이 완료된 후에는 그 위에 모래를 평평하게 깔아 덮었다. 매립이 완

몰디브의 틸라후시

료된 1997년 이후 완성된 인공섬의 넓이는 약 0.43제곱킬로
미터로, 그 위에 소형 선박 제조 공장과 시멘트 공장 같은
다양한 제조 공장들이 들어섰다.

틸라후시와 같이 폐기물을 매립하여 만드는 인공섬을
리사이클링 아일랜드Recycling Island라고 한다. 리사이클링 아
일랜드는 육지에서 처리하기 어려운 폐기물을 효율적으로
처리할 수 있는 방법이기는 하지만, 폐기물의 침출수나 석
면과 같은 유해한 물질이 바다로 흘러들어가 환경을 오염시
킬 위험도 있어서 각별한 주의가 필요하다.

싱가포르에도 몰디브의 틸라후시처럼 폐기물을 매립하

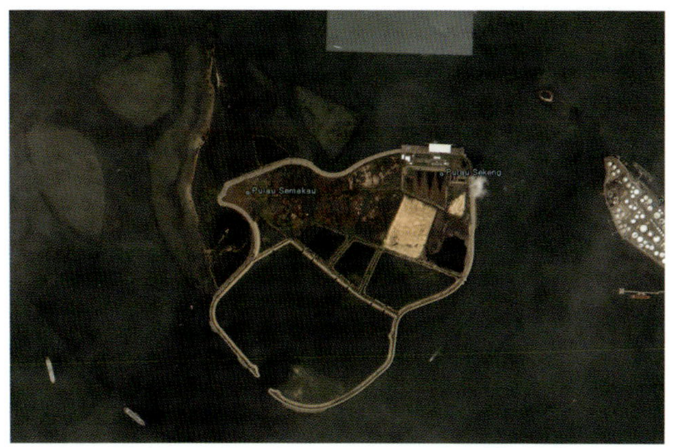

싱가포르의 세마카우 해상 매립장

여 만든 인공섬이 있다. 싱가포르 남쪽에 위치한 세마카우 해상 매립장Semakau Landfill이 바로 그것인데, 크기는 3.5제곱 킬로미터 정도 된다. 이곳은 1995년에 매립장을 만들기 시작하여 1999년 3월부터 폐기물을 매립하기 시작하였다. 하루 600톤의 불에 타지 않는 불연성 폐기물과 1400톤의 불에 타는 가연성 폐기물을 매립할 수 있으며, 현재까지도 매립이 이루어지고 있다.

일본에서도 육지에는 더 이상 쓰레기를 매립하기 어렵다는 현실을 감안하여, 일찍이 바다에 폐기물을 매립하여 만드는 인공섬에 관심을 갖고 리사이클링 아일랜드를 건설

일본의 도쿄 신카이멘 해상 폐기물 매립장

하고 있다. 그런데 일본은 한 발 더 나아가 매립이 끝난 후에는 인공섬 위에 스포츠 레저 시설, 주택 단지, 산업 단지, 항만 시설 등을 조성하여 다양하게 활용하는 리사이클링 포트Recycling Port라는 개념을 도입하였다. 해상 폐기물 처리장은 1960년대 초부터 건설하기 시작하여 현재는 도쿄, 요코하마, 오사카 같은 대도시에서 발생하는 생활 폐기물의 대부분을 바다에 매립하고 있다. 일본 전체에 해상 매립장은 약 100개 정도 있으며 그 면적은 49.59제곱킬로미터계획 포함에 이른다.

4부

바다, 우리의 삶을 변화시키다

바다 위에 떠 있는 공항

공항은 하루 동안에도 수많은 항공기가 쉼 없이 뜨고 내리는 곳이다. 많은 비행기가 이륙과 착륙을 계속하려면 활주로와 관제탑 같은 주변 시설들이 필요하므로, 공항을 짓기 위해서는 기본적으로 넓은 면적의 땅이 있어야 한다. 또한 항공기의 안전한 이착륙을 위하여 주변 지역의 건물들은 일정한 높이 이상 지을 수 없도록 높이를 제한해야 한다. 이 밖에도 이착륙에 따른 소음이나 환경 훼손 문제 등이 발생할 수 있다. 이러한 이유로 새로운 공항을 건설하려고 할 때마다 적당한 장소를 찾기가 어려워지고 있다. 그래서 새로 건설하는 공항들은 바다를 메워서 만든 인공섬 위에 세우는 경우가 많다. 그런데 바다를 메워서 만드는 매립식 인공섬은 수심이 깊은 지역에서는 만들기 어려울 뿐만 아니라 만든다고 해도 막대한 양의 매립 재료가 필요하기 때문에 어려운 점이 많다.

일본에서는 매립식 인공섬 대신 물 위에 떠 있는 부유식 인공섬을 만들어 그 위에 공항을 건설하는 방법을 연구하고 있다. 이 연구의 이름은 '거대한'을 뜻하는 그리스어의 메가^{mega}와 '부유체'를 의미하는 플로트^{float}를 합성하여, 대규모 부유식 구조물이란 뜻으로 메가플로트^{Maga Float}라고 부른다. 메가플로트 연구는 일본의 17개 조선소와 제철소가 연구단을 구성하여 1995년부터 2000년까지 2단계로 나누어 진행하였으며, 실제로 부유식 인공섬을 만들어 항공기 이착륙 시험까지 수행하여 그 가능성을 확인하였다.

이때 만들어진 메가플로트는 무게 8만 톤인 배가 시속 22킬로미터의 속력으로 정면에서 충돌해도 부분적으로 파손되기는 해도 침수되거나 표류하지 않으며, 중량이 500톤인 B747 항공기가 시속 360킬로미터의 속도로 수직 낙하해서 충돌하여도 표면의 일부만 파괴되도록 설계되었다. 또한 화재에 대비해서는 실제와 같은 실증 실험을 통해 나온 결과를 분석하여 내부 구조와 격실에서의 화재 대응책을 마련

바다 위에 떠 있는 공항

하였으며, 소화 시스템도 개발하였다. 일본에서 많이 발생하는 쓰나미에 대한 영향도 세밀히 검토하여 쓰나미나 태풍과 같은 극한 조건에서도 견딜 수 있을 정도의 강도로 설계하였다.

메가플로트와 같은 부유식 인공섬은 물 위에 떠 있기 때문에 지진이 발생하더라도 안전하다. 또 간사이 국제공항과 같은 매립식 인공섬에서 발생하는 장기적인 침하현상이 없으며, 다른 인공섬 조성 방법에 비해 바다 자연을 훼손하는 정도가 적어서 친환경적이라 할 수 있다. 그러나 바다 위

메가플로트 조립

에 떠 있기 때문에 바람이나 파도에 의해 공항^{부유체}이 흔들리는 현상을 막아야만 항공기가 안전하게 이착륙할 수 있으므로 기술적으로 해결해야 할 문제는 많다.

1차 메가플로트[1995~1997]는 길이 300미터, 폭 60미터, 높이 2미터의 부유체로, 1996년 요코스카^{橫須賀} 해안에 설치되었다. 이곳에서는 부유체 결합 기술, 부유체의 고정 기술, 파랑^{파도의 물결 높이}이나 태풍에 대한 안전성, 하부 생태계 변화에 대한 연구 등을 포함하는 광범위한 분야에 대한 실증 실험이 이루어졌다.

2차 메가플로트[1998~2000] 연구에서는 메가플로트 위에서

메가플로트 위 항공기 이착륙 시험

실제 항공기의 이착륙을 시험하기 위해 길이가 1킬로미터에 이르는 활주로를 조립, 제작하여 성능을 검토하는 연구가 이루어졌다. 2001년 3월 메가플로트 공항조사위원회는 길이 1킬로미터의 활주로를 가진 메가플로트 공항의 실증 시험에 대한 상세한 평가와 4킬로미터 급 설계를 동시에 제시하였으며, 특히 4킬로미터 길이의 활주로가 설계된 메가플로트 공항이 기술적으로 가능하다는 사실을 밝혔다.

그러나 1995년에서 2000년 사이에 실시된 일본 요코스카에서의 실험을 제외하면 더 이상의 메가플로트는 존재하지 않는다. 메가플로트는 초대형 부유식 구조물에 대한 종합적인 실물 실험으로는 현재까지 유일한 경우로, 실제로 메가플로트를 활용하여 공항이나 항만을 건설하기에는 비용이 너무 많이 필요한 것으로 나타나 실험은 더 진행되지 않고 있다. 그럼에도 부유식 구조물은 전 세계에서 다양한 용도로 사용되고 있다. 미국에서는 부유식 해상 크레인이나 중소형 부유식 선박 접안시설이 건설, 사용되고 있다. 하지만 실물 크기에 대한 연구는 역시 비용 때문에 중소 규모로 한정되어 있다.

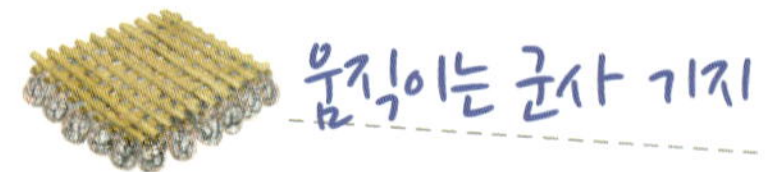
움직이는 군사 기지

　　미국은 전략적으로 세계 각국에 군대를 파견하여 주둔시키고 있다. 하지만 전 세계적으로 미국의 입지가 좁아지면서 자신의 나라에 미군이 주둔하도록 기지를 내어 주는 국가 또한 줄어들고 있다. 이에 미국은 세계 각지에 미군 기지를 쉽게 설치하고 군대를 신속하게 이동시키기 위해서 바다 위에 떠 있는 군사 기지, 즉 이동식 해군 기지MOB, Mobile Offshore Base를 건설하기 위한 여러 가지 연구를 진행하였다.

　　1994년 미국 해군연구소ONR, Office of Naval Research에 의해 시작된 이 연구는 길이 304미터, 폭 152미터, 높이 36미터 크기의 반잠수식 모듈 5~6개를 하나로 연결시켜 미국의 전략적 요충 지역에 배치하여 미군의 새로운 전진 기지로 이

이동식 해군 기지로 사용되는 초대형 부유식 인공섬

용한다는 내용이었다. 각각의 모듈은 모두 독립적으로 이동할 수 있고, 한 개의 모듈은 수직으로 이착륙할 수 있는 전투기만 활용할 수 있지만, 5~6개의 모듈을 연결하면 총 길이가 약 2킬로미터인 활주로를 만들 수 있어서 일반 전투기는 물론 대형 수송기도 이착륙할 수 있다. 또한 수송선처럼 화물을 실을 수도 있고 중장비를 갖춘 1개 연대급 병력 3000명 정도를 한꺼번에 수송할 수도 있어서 초대형 다용도 이동 기지의 역할을 톡톡히 해낼 수 있다. 이것은 핵추진 항공모함보다 길이가 5~6배나 더 길며, 자체 엔진으로 이동하는 초대형 부유식 인공섬이라 할 수 있다.

각 모듈은 시속 22킬로미터 정도의 속도를 낼 수 있으며, 서로 다른 곳에 떨어져 있다가도 항공기가 이착륙해야 할 때에는, 빠른 시간 내에 결합하여 하나의 구조체가 된다. 이때 여러 개의 모듈이 하나로 결합하기 위해서는 고도의 기술이 필요하다. 이를 위해 4개의 회사가 각각 다른 형태의 기술을 가지고 여러 개의 대형 모듈들을 연결하는 다양한 방법을 제시하였다.

이렇게 제안된 이동식 해군 기지는 역사상 선례가 없는 크기이기 때문에 설계 단계에서부터 수많은 연구자가 총동원되어 관련 연구를 진행하였다. 2000년 4월 미국 의회에 제출된 평가 보고서에는 초대형 이동식 해군 기지를 제작하는 데 필요한 핵심 기술이 현재의 기술력으로도 충분하다고 되어 있다. 그러나 2001년 초 미국 국방분석연구소가 이와 같은 이동식 해군 기지를 만들려면 천문학적 단위의 비용이 들어가므로 차라리 핵 항공모함이나 대형 수송 선박을 제작하는 것이 훨씬 효율적이라는 판단을 내렸다. 그 이후 이 프로젝트는 중단된 채 더 이상 추진되지 않고 있다.

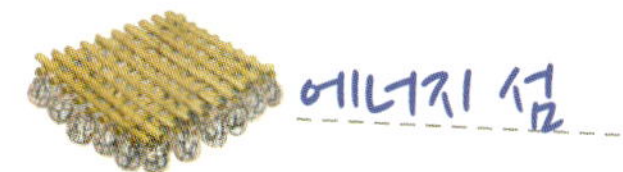

에너지 섬

석탄, 석유 같은 화석연료의 생산량이 줄어들고, 이들 연료를 사용함으로써 발생하는 이산화탄소가 지구온난화 등 환경 오염의 주범으로 지목되면서, 전 세계적으로 새로운 에너지를 찾기 위한 다양한 노력이 이루어지고 있다. 대표적으로 일 년 내내 하늘에 떠 있는 태양의 열과 빛을 이용하는 태양열이나 태양광 발전을 비롯하여 바람의 힘을 이용하는 풍력 발전, 조수 간만의 차를 이용하는 조력이나 조류력 발전, 파도의 힘을 활용하는 파력 발전, 지구 내부의 뜨거운 열을 활용하는 지열 발전, 깊은 바닷속과 해수면의 온도 차이를 이용하는 온도차 발전 등을 꼽을 수 있다. 새로운 에너지원을 늘어놓다 보니 유난히 바다를 이용하는 방법이

에너지 섬

많다는 것을 알 수 있다. 이는 바다에는 무궁무진한 에너지 원이 존재하고 있다는 사실을 직접적으로 말해 주는 것이다.

바다의 에너지원을 개발하기 위해서 인공섬을 활용하는 방법이 발표되었는데, 이것이 바로 에너지 섬 Energy Island 이다. 에너지 섬은 해양 에너지 개발을 위한 새로운 아이디어로, 카리브 해－남중국해－인도양－서부 아프리카를 연결하는 따뜻한 해수 벨트를 이용하여 해수 온도차 발전, 해상 풍력 발전, 태양광 발전을 복합적으로 적용한 것이다. 이 섬

102

이 개발되면 폭 600미터 규모의 커다란 인공섬에 건설된 발전 시설에서 발전기당 250메가와트의 전력을 생산할 수 있다. 인공섬을 건설하기 위한 비용은 6억 달러 정도가 예상된다.

우리나라에서도 풍력 발전과 조류 발전이 결합된 형태나, 풍력 발전과 태양광 발전이 결합된 형태의 다양한 에너지 섬에 대한 연구가 활발하게 진행되고 있다.

해저 도시

'해저 도시' 또는 '수중 도시'의 원래 의미는 바닷속에 건설된 도시를 가리키지만, 넓은 의미로는 바다의 수면 아래 부분에 건설되는 다양한 형태의 구조물을 통틀어 말하기도 한다. '해저 도시'는 예전에는 땅 위에 있던 도시가 여러 가지 이유로 해서 바닷속으로 가라앉은 경우와 처음부터 바닷속에 건설된 경우로 구분할 수 있다.

전에는 공상 과학 소설이나 영화에나 등장하던 해저 도시가 최근 새로운 건축 양식으로 인정받아서 여러 가지 형태의 건축물이 소개되고 있다. 한 예로 두바이에서는 21세기 최대 건설 사업인 인공섬 건설과 함께 해저 호텔인 하이드로폴리스Hydropolis 계획이 발표되었다. 이를 계기로 해저

두바이의 하이드로폴리스 계획

또한 우리가 관심을 가져야 할 새로운 공간이란 인식이 확대되었다.

최근 관심이 높아지고 있는 인공섬도 부유식이나 매립식 인공섬의 해수면 아래 부분을, 단순하게 섬을 지탱하는 기초로만 여길 것이 아니라 여러 가지 다양한 모습으로 활용할 수 있는 방법을 찾아보는 것도 좋을 것 같다. 고층 건물의 지하를 다양하게 활용하는 것처럼 인공섬의 바다 아

래 부분을 해저 도시 같은 새로운 형태의 공간으로 바꾸는
것을 상상해 볼 수 있다.

해저 도시와 원리가 비슷한 시설은 이미 세계 여러 나
라에서 찾아볼 수 있다. 많은 나라에서 앞다투어 건설하고
있는 해저 터널이나 해중 터널을 꼽을 수도 있고, 바닷속 경
치를 구경할 수 있어 세계 각국의 주요 관광 자원으로 인기
가 높은 해중 전망탑도 대표적인 예라 할 수 있다. 몰디브의
해저 호텔과 두바이의 워터프런트 계획에 들어 있는 수심
12미터 깊이의 해저 호텔, 그리고 최근 이집트의 수중 문화
자원을 보호하기 위해 유네스코에서 추진하고 있는 해저 박
물관 등은 이미 해저 도시가 우리 곁에 가까이 다가와 있음
을 보여 준다.

해저 도시의 형태

- 해저 구조

  흔히 알려져 있는 해저 도시의 구조로, 수면 아래 바다 밑바닥에 만

  들어진 구조이다.

- 해중 구조

  바닷속에 잠겨서 떠 있는 형태로, 윗부분까지 바다에 잠겨 있지만 구

다양한 구조의 해저 도시 1 해저 구조 **2** 해중 구조 **3** 인공섬 하부 구조 **4** 차수 도시

조물의 옆이나 아래부분이 주변의 육지에 고정되어 있는 구조이다.

- 인공섬 하부 구조

  부유식 또는 매립식 인공섬의 아랫부분으로, 위쪽은 물 위의 인공섬과 연결되어 있고 아랫부분은 바닷물 속에 잠겨 있는 구조이다.

- 해안 구조

  해안에 닿아 건설되어 있는데, 구조물의 한쪽 면은 바다 쪽으로 열려 있는 구조이다.

- 차수 도시

  호안을 건설하여 안쪽으로 물이 들어오지 못하게 막고, 내부의 물은 펌프를 이용해서 모두 빼내어 해수면 아래에 건설하는 도시이다.

  차수 도시는 태풍과 해일, 집중 호우 등으로 인해 물이 스며들어 오는 것을 막아야 하며, 들어온 물을 밖으로 뽑아내는 시설이 있어야 한다. 또 해수면이 상승할 때에 대비하여 침수가 예정되는 지역에 제방을 쌓아 수면보다 낮은 지역을 보호해야 한다.

5부

바다, 새로운 미래를 연다

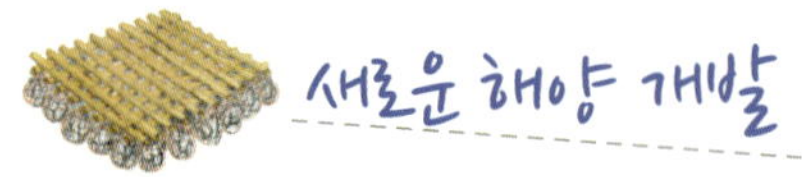

새로운 해양 개발

우리나라는 삼면이 바다로 둘러싸여 있어서 국토의 면적이 좁은 데 비해서는 1만 1914킬로미터에 이르는 긴 해안선과, 크고 작은 3350여 개의 섬, 2393제곱킬로미터에 이르는 넓은 갯벌을 가지고 있다. 특히 국토 면적의 4.5배가 넘는 443제곱킬로미터의 영해領海를 가진 해양 국가이다. 삼면의 바다, 즉 서해안, 남해안, 동해안은 해안선의 굴곡이나 수심 등이 모두 달라서 각각 독특한 특징을 가지고 있다. 이러한 자연 조건은 국토의 크기에 비해서 다양하고 매력적인 자연환경과 풍부한 해양 자원을 보유하게 하였다. 지정학적으로도 대륙과 해양, 중국과 일본 사이에 위치하여, 육상과 해상을 잇는 동시에 정치적 또는 경제적 중심축이 되기에 유리한 조건이다. 이렇듯 우리나라는 넓은 해양 관할권과 풍부한 해양 자원, 그리고 천혜의 항만 조건과 같은 탁월한 조건을 갖추고 있어서 친환경적 해양 개발의 잠재력이 무궁무진하다고 할 수 있다.

최근 전 세계적으로 지구온난화 문제를 해결하는 데 다 함께 노력하는 등 환경 문제에 대해 적극적으로 공동 대처하는 분위기에 맞추어 우리나라도 다양한 노력들을 진행하고 있다. 이제 더 이상 해양 개발이 바다 생태계를 훼손시키고 환경을 파괴하는 식으로 진행되지 않는다. 예전처럼 주변 환경을 무시한 채 무작정 바다를 메워 육지를 만들면서 해안선의 모양을 바꾸고 갯벌과 모래사장을 사라지게 하는 것이 아니라, 갯벌과 모래해변을 되살려 내는 것과 같이 이미 훼손된 바다 환경을 개선해 나가고 있다. 이로써 해양 생태계가 풍성해지고 바다로부터 청정한 에너지를 얻어 공기 중의 탄소 비율을 낮추는 등 사람들이 가까이 다가갈 수 있는 공간으로 바다를 재탄생시키는 것이다. 이와 같은 새로운 형태의 해양 개발은 이미 시작되어 진행되고 있다.

그러나 일본이 부족한 국토 공간을 확보하기 위해 만든 해상 항만이나 공항, 두바이가 해양 관광 자원을 개발하기 위해 만든 인공섬, 그리고 우리가 해양 에너지를 개발하기 위해 건설하는 조력 또는 조류력 발전소, 해상 풍력 발전 시설과 해상 폐기물 처리장과 같이 오직 한 가지 목적만을 가지고 추진하는 해양 개발 사업들은 성공할 가능성이 그리 높지 않다. 높은 투자 비용을 들여 추진한 사업들이지만 들어간 비용에 비해 얻을 수 있는 이익이 적고, 개발 목적이 한 분야에 집중되어 있어서 사회적 이슈가 빠르게 변할 경우 진행되던 사업의 중요성이 크게 떨어질 위험 등이 있기 때문이다.

이러한 문제를 극복하기 위해서는 육상 도시와 생활권을 연결시켜서 육상 도시가 가지고 있던 문제를 해결해 주면서 해양 에너지 개발, 해양 관광 단지 조성, 국제적인 항만 연계 등 다양한 역할을 수행할 수 있는 복합적인 해상 도시를 건설해야 한다. 이와 같이 한 가지 목적에 매달리는 것이 아니라 여러 가지 역할을 하는 해양 도시를 건설하게 되면, 새로 건설해야 하는 도시 수가 줄어 그만큼 탄소의 배출량을 줄일 수 있어서 친환경적 개발이 될 것이다. 뿐만 아니라 새로운 도시를 건설하려면 일자리도 만들어 내게 되어 국가 경제에도 도움이 된다.

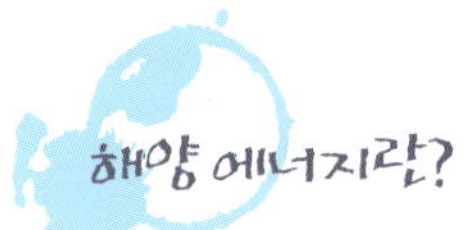

바다에서 청정한 에너지를 생산하는 것으로, 밀물과 썰물, 파도, 바람, 바닷물의 온도 차이 등을 이용해 에너지를 만든다.

- **조력 발전** 제방을 쌓아서 밀물 때 들어온 물을 가두어 두었다가 썰물 때 내보내면서 생기는 제방 안과 밖의 수위 차이를 이용하여 수력 발전과 같이 수차를 돌려 전기를 생산한다. 반대로 썰물 때 물이 빠져나가면 수문을 닫아 밀물 때 발생하는 제방 안과 밖의 수위 차이를 이용하기도 한다.

- **조류 발전** 밀물 때는 육지 쪽으로 썰물 때에는 바다 쪽으로 바닷물이 흐르게 되는데, 이때 물이 이동하는 힘을 이용하여 전기를 생산한다. 바닷물 속에 바람개비와 같은 프로펠러를 넣어 물이 이동하면 프로펠러가 돌아가도록 한다.

- **파력 발전** 바닷물이 파도에 의해 위아래로 움직이는 힘을 이용하여 전기를 생산한다.

- **해상 풍력 발전** 바다에서 부는 바람을 이용하여 풍차를 돌려 전기를 생산한다. 육지보다 바다 위에서 바람이 일정하게 많이 분다.

- **해수 온도차 발전** 바다 표면의 물은 태양에 의해 쉽게 데워져 따뜻하지만 수심이 깊은 곳의 바닷물은 쉽게 데워지지 않아 물의 온도가 낮다. 바닷물의 이러한 온도 차이를 감지하여 회전하는 열 모터를 사용하여 전기를 생산한다.

- **해양 바이오매스** 해조류를 정제하여 만든 에탄올을 연료로 사용한다.

처음에 인공섬은 바다를 메워 부족한 육지를 확보하기 위해 건설되었지만, 지금은 다양한 목적으로 전 세계에서 활발하게 만들어지고 있다. 인공섬은 관광 도시, 생태 도시, 폐기물 매립장, 항만, 공항, 물류 기지 등으로 다양하게 활용되고 있어서 경제적인 면에서 매우 중요하지만, 이와 더불어 한 국가의 경제력과 기술 수준을 평가하고 비전을 보여 주는 상징적 랜드마크landmark의 역할도 하고 있다.

우리나라는 국토의 삼면이 바다라는 천혜의 자연환경을 가지고 있지만, 바다를 활용하는 것에 있어서는 아직 수산 자원을 얻는 곳이란 인식이 강해 이렇다 할 의미 있는 개발에는 소극적인 편이었다. 이제 우리나라도 바다 위에 도시를 건설하는 등 적극적으로 바다를 이용해야 할 때이다. 이미 인천 국제공항으로 그 첫발을 내디딘 만큼 세계가 부러워할 만한 바다 위의 도시를 건설하는 것은 그리 어려운 일이 아니다.

우리가 활발하게 인공섬을 조성하고 이를 활용하려면, 새로 만드는 인공섬이 어떠한 역할을 수행해야 하는지를 먼저 생각해 보아야 한다. 새 인공섬 위에 건설한 해양 도시에는 우리나라 사람은 물론 외국 사람들도 찾아와 관광할 수 있는 볼거리가 풍부해야 한다. 인공 해변이나 갯벌, 해양 스포츠를 즐길 수 있는 시설, 해저 도시와 연계되어 있는 놀이 공원 등 다양한 관광 자원이 포함되어 있어야 한다. 더불어 풍력, 조력, 조류력, 양수, 태양광 발전 등 신재생 에너지를 생산하는 데 최대한 이용할 수 있는 방법을 찾는 등 여러 방면으로 활용할 수 있어야 한다. 인공섬을 건설하는 방법도 환경이 훼손되는 것을 최대한 줄이고, 가능한 한 육상에서 재활용할 수 없는 폐기물을 적극적으로 활용하는 등 환경 친화적인 건설 방법을 연구해 보면 좋을 것 같다.

앞에서 이야기했던 것처럼 인공섬은 만들고자 하는 목적이나 그 성격에 따라 나눌 수 있는데, 예를 들어 한 나라

그린 아일랜드 계획

의 랜드마크로서 또는 관광의 기능을 주로 하는 글로벌 아일랜드Global island, 자원을 재활용했다는 의미의 리사이클링 아일랜드Recycling island, 신재생 에너지를 확보하기 위한 에너지 아일랜드Energy island, 친환경 건설 공법으로 조성되었거나 친환경적 공간을 확보하고 있는 에코 아일랜드Eco island, 기존의 항만이나 해안 도시와의 연계를 목적으로 하는 네트워크 아일랜드Network island 등이다. 그렇다면 이러한 기능을 모두 가지고 있는 해상 도시를 각각의 영문 앞글자를 따서 그린 아일랜드G.R.E.E.N. island라고 정의하고, 우리가 이렇게 종

다양한 기능을 가지고 있는 그린 아일랜드형 인공섬

합적인 기능을 가지는 그린 아일랜드를 조성해 보는 것은
어떨까?

그린 아일랜드는 단순히 대지의 부족을 해결하기 위해
인공섬을 건설하는 것이 아니라, 적극적으로 해양을 이용해
개발하면서도 자연환경은 보호, 보전하여 환경 친화적으로
개발이 이루어지도록 하는 것이다. 이러한 목적을 모두 달
성하려면 인공섬에는 위의 그림에서 보여 주는 다양한 기능

의 시설들이 건설되어야 한다. 예를 들어 풍력, 조류력, 파력 등의 발전 시설은 물론이고 공항, 항만과 같은 기간산업 구조물, 해저 도시 체험 시설, 바다 목장 같은 자연 친화적 시설, 인공 해변과 갯벌, 인공 습지 등의 친환경 시설물들이 자리 잡아야 한다.

그린 아일랜드는 품격 높은 해상 도시를 세우기 위해 다양한 기능을 포함하게 된다. 우리나라의 지역별 특성을 최대한 반영하여 인접한 육상의 경제권과 생활 조건을 평가하고, 에너지 공급, 폐기물 처분, 친환경 공간 창출 등을 포함하는 다양한 기능 중 최적의 기능을 주요 기능으로 배정한다. 즉, 인공섬이 건설될 지역의 특성을 살려 글로벌 아일랜드, 에너지 아일랜드, 리사이클링 아일랜드, 에코 아일랜드, 네트워크 아일랜드 가운데 하나의 기능을 주요 기능으로 배치하고 다른 기능들은 부가 기능으로 보완하는 식이다.

우리나라의 서해와 남해, 동해를 예로 들어 각각의 특성을 살려서 그린 아일랜드를 구상해 보면, 우선 비교적 수도권과 가까운 서해는 대도시와 인접해 있을 뿐만 아니라 바다에는 바람이 풍부하고 중국과도 가까운 점을 활용하여 에너지 아일랜드를 주요 기능으로 하지만 글로벌 아일랜드와 네트워크 아일랜드를 부가적 기능으로 보완하면 좋을 것이다. 또 대도시에서 발생하는 각종 쓰레기를 처리하는 해상 매립장을 설치하여 리사이클링 아일랜드와, 서해안에 갯벌이 발달한 점을 활용하여 친환경 시설을 구축하는 에코 아일랜드를 접목한다면 그야말로 종합적인 그린 아일랜드를 구상할 수 있다.

동해는 자연 풍광이 수려하여 관광객이 많이 찾아오지만, 수심이 깊어 바다를 이용하는 다양한 해양 레저나 해양 스포츠를 즐길 수 있는 공간은 부족하다. 이러한 점에 착안하여 동해안을 배경으로 에코 아일랜드를 주요 기능으로 하고, 글로벌 아일랜드와 에너지 아일랜드 기능을 부가 기능으로 하는 새로운 형태의 그린 아일랜드를 계획할 수 있다.

서남해안은 바닷바람이 많이 불고 밀물과 썰물에 따른 조류가 발달해 있어서 해상 풍력 발전과 조류력 발전의 최적지이므로 에너지 아일랜드를 주요 기능으로 하고, 우리나라, 중국, 일본의 중앙에 위치한다는 점을 활용하는 네트워크 아일랜드 기능을 부가 기능으로 하여 21세기의 새로운 청해진을 구상해 보는 것도 좋을 것이다.

부산 · 경남 지역은 우리나라의 대표적인 허브 항만이

위치하므로 이러한 기능을 뒷받침하는 네트워크 아일랜드 기능을 주요 기능으로 두고, 관광과 신재생 에너지의 개발, 인근 대도시의 폐기물 처리 기능을 각각 담당하는 글로벌 아일랜드와 에너지 아일랜드, 리사이클링 아일랜드를 부가 기능으로 접목하여 배치시킬 수 있다.

지금까지 설명한 내용들을 바탕으로 우리나라에서 실현시킬 수 있는 그린 아일랜드의 모델을 몇 가지 생각해 보았다. 첫 번째는 에너지 아일랜드를 중심으로 하는 그린 아일랜드로, 전체적인 형태는 우리나라 꽃인 무궁화 모양을 본떴다. 외곽에는 태풍이 밀어닥치는 등 파도가 높을 때에도 섬을 안전하게 보호할 수 있도록 방파제를 쌓고 에너지를 생산하는 시설인 해상 풍력 단지를 배치하였다. 무궁화의 꽃잎에 해당하는 내부에는 인공 호수를 만들고 조력과 양수 발전 시설을 세워 품질 좋은 전기를 생산해 내

에너지, 글로벌, 리사이클링 기능을 가진 무궁화 모양의 그린 아일랜드

는 에너지 아일랜드로서의 성격을 강조하고, 한가운데에는 그린 아일랜드의 중심지로 각종 컨벤션 센터와 호텔, 놀이 시설, 요트장, 인공 해변, 인공 갯벌 등을 배치한다. 외곽의 잎 모양은 해상 폐기물 처리장으로 만들어 매립이 완료된 뒤에는 그 위에 콘도나 호텔, 골프장 등을 건설하여 활용하도록 한다. 그린 아일랜드와 육지는 바다 위로 연결되는 다리와 해저 터널로 연결하는데, 교량과 터널이 교차하는 위치에는 작은 인공섬을 만들어 섬 속의 또 다른 관광지를 조성한다. 해저 터널은 해저 도시 체험 시설과 연계시켜서 새로운 관광 자원으로 활용한다. 만약 이 계획을 영종도 신공항 앞바다에 실행한다면 서울 등 수도권과의 연결이 쉽고 중국으로도 뻗어 나갈 수 있어서 글로벌 아일랜드로서의 기능도 추가할 수 있을 것이다.

두 번째는 네트워크 아일랜드를 중심으로 하는 모델로, 전체적인 형태는 우리나라의 태극기 모양이다. 태극기의 사괘인 건곤감리_{하늘과 땅, 물과 불을 상징}에 위치한 인공섬은, 해상 공항과 항만을 배치하여 물류의 기능을 담당하도록 하고, 외곽에는 해상 풍력 발전 시설을 설치한다. 외곽에 쌓은 방파제 안쪽으로는 인공 해변을 조성하고 호텔, 콘도 등을 세

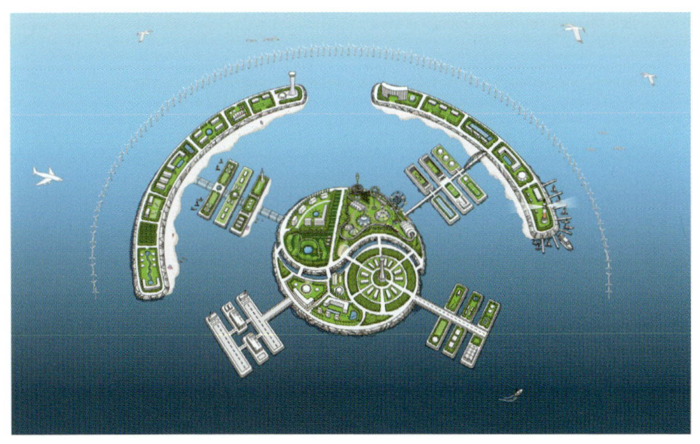

글로벌, 에코, 에너지, 네트워크 기능을 가지는 태극기 모양의 그린 아일랜드

워 관광 단지로 꾸민다. 중앙의 태극 형태에 앉은 인공섬에
는 그린 아일랜드의 중심지로 호텔, 컨벤션 센터와 같은 비
즈니스 시설이 자리 잡도록 한다. 만약 이 계획을 부산 신항
만의 바깥쪽 해상에 수행한다면, 원래 있던 부산의 대형 항
만이나 공항과도 연결하게 되어 네트워크 아일랜드로서의
기능이 상승 효과를 내게 될 것이다.

　　대학에서 토목 공학을 공부하던 시절에는 우리나라 여기저기에서 수없이 벌어지고 있는 간척 공사와 해안 매립 공사들이, 국토가 좁은 우리나라가 땅을 넓힐 수 있는 유일한 수단이라 생각했었다. 그래서 이런 공사들이 활발하게 이루어져서 구불구불하게 굽어 있는 해안선을 곧게 펴고 국토도 늘리는 것이 우리 토목 공학도들의 사명이라고 생각하였다. 그로부터 많은 시간이 흘러 한국해양과학기술원에 근무하게 되면서, 바다의 역할과 기능을 상세히 알게 되었고 그동안의 무분별한 간척 사업이 바다의 가치를 얼마나 많이 훼손시켰는지도 알게 되었다. 그때부터 국토를 개발하는 토목 사업과 자연환경을 보존하는 것은 서로 공존할 수 없는 치인가 하는 문제를 고민하게 되었다.

바다 위에 인공섬을 만드는 일은 국토를 개발하는 일임에는 틀림없다. 국가의 국력을 키우고 나라의 기반이 되는 산업을 발전시키며, 많은 양의 에너지를 생산해 내는 것은 물론이고, 서비스 산업으로서 관광 시설도 유치할 수 있기 때문이다. 인공섬을 조성한다면 이런 멋진 인공섬을 만들어야 할 것이다. 그러나 인공섬을 만들려면 바다를 메우고 바다 위에 말뚝을 박고 그 위에 바닷속으로 들어가는 태양빛을 가리는 큰 지반^섬을 만들어야 한다. 일부러 의도한 것은 아니지만 어쩔 수 없이 바다 생태계에 영향을 줄 수밖에 없다. 국가의 발전을 위해 바다를 훼손시킬 것인가? 아니면 바다 환경을 지키기 위하여 해양 개발을 멈추어야 하는 것인가? 어느 것에 비중을 더 두어야 할지, 어느 쪽이 더 가치가 있는 것인지를 심각하게 생각해 결정해야 한다.

미국의 옐로스톤Yellow Stone 국립공원은 번개와 같은 자연현상으로 인해 산불이 나면 저절로 꺼질 때까지 기다릴 뿐 사람들이 달려들어 불을 끄지 않았다. 산불도 자연현상의 하나로 보기 때문이다. 그러나 대형 산불로 너무나 많은 수목이 타 버리자 자연 진화에 대한 찬반 논란이 벌어졌다.

과연 자연적으로 발생한 산불을 사람이 인위적으로 끄는 것이 자연을 훼손하는 것일까, 아닐까? 참으로 대답하기 힘든 일이다. 자연환경의 보전과 개발 사이의 균형을 맞춘다는 것은 결코 쉬운 일이 아니다.

무분별하게 해양을 개발하는 것은 당연히 해서는 안 되는 일이지만, 여러 가지 이유로 어쩔 수 없이 인공섬을 만들 수밖에 없는 상황이라면 바다가 훼손되는 것을 최대한 줄이는 방법을 선택해야 한다. 따라서 토목 기술자는 최대한 바다 환경을 훼손하지 않으면서 인공섬을 조성할 수 있는 기술을 연구하고 개발해야 할 것이다. 그래야만 우리 생명의 원천인 바다를 안전하게 보호할 수 있기 때문이다.

토목 공학자인 나는 오늘도 그린 아일랜드의 실현을 꿈꾼다.

구글 어스 인천 국제공항 38쪽, 하버아일랜드 44쪽, 트래저아일랜드 44쪽, 고베·오사카 항 46쪽, 도쿄 만 47쪽, 요코하마 항 47쪽, 키타큐슈 공항 48쪽, 쥬부 공항 48쪽, 하네다 공항 49쪽, 간사이 국제공항 51쪽, 상하이 선수이 항 56쪽, 시부시 석유 비축 기지 60쪽, 인천 LNG 인수 기지 61쪽, 팜 주메이라·팜 제벨알리 70쪽, 더 월드 71쪽, 두바이 워터프런트의 현재 76쪽, 더 펄 78쪽, 두랏 알 바레인 81쪽, 아쿠아라인 85쪽, 페버홀름 86쪽, 틸라후시 88쪽, 세마우카 89쪽, 신카이멘 90쪽

안성모(삼성물산) 두바이 인공섬 계획 69쪽, 팜 아일랜드 건설 69쪽, 팜 제벨알리의 수상가옥 70쪽, 바다 위 글씨 70쪽, 버즈칼리파 72쪽, 워터프런트 73쪽, 아라비안 운하 73쪽, 아라비안 운하 개발 74쪽, 아라비안 운하 조감도 74쪽, 아라비안 운하 갑문 75쪽, 아라비안 마리나 75쪽

연합뉴스 투발루 14~15쪽, 룬스코예-A 플랫폼 59쪽, 버즈알아랍 호텔 68쪽

정단 박, 워터월드 공연 모습 11쪽

인천 국제공항공사 인천 공항건설 40~41쪽

한국해양연구원 미래의 해양 도시 21쪽, 이어도 종합해양과학기지 63쪽

■참고문헌

국토해양부, 2009, 다기능 i-PORT 구축 기술 개발 기획연구보고서.

권오순, 이광수, 2009, 해양을 통한 녹색성장 _다기능 i-PORT, 대한토
목학회지 10월호, pp 86~90.

한국해양연구원, 2008, 친환경 인공섬 조성 핵심기술 개발 기획 연구
보고서.

maps.google.com